Ariel 的米蛋糕

ARIEL'S RICE CAKE

洪佳如
Ariel Hung

柯芬莊園品牌創始人，
餐飲烘焙經歷 12 年。
熟悉甜點、蛋糕裝飾，
擅長利用裝飾給予甜點新的生命。
致力於韓式擠花、糖霜餅乾、烘焙教學。

| 韓國證書與資歷 |

Korea Flower Cake Association（KFCA）證書
Korea Flowercake Association（KFA）證書
Korea Flowercake Association（KFA）教師
International Flower Art（IFA）教師
Cream Flower Art 證書

| 出版著作 |

《Ariel 的超完美韓式擠花藝術＆技巧全書》
《怎麼做都萌翻天的棒棒糖蛋糕》

嗨～我是 Ariel

這是一本充滿了各種養分的書，
我們除了內容很充實以外，
還帶給你在攝影跟編排上面的新視野，
一本用看也讓你心靈很滿足的書。

當初會寫這一本書的原因，
是因為希望能夠用「米粉」做出好吃的
蛋糕，
裡面包含了各種米粉做的蛋糕還有精緻
點心。

在台灣的傳統文化裡有茯苓糕，
在韓國他們稱為「米蛋糕」，
兩者的口感非常接近跟雷同，
但是會因為米粉的選擇跟作法差異不同
而有所區別。

這一本書的內容讓對於麵粉過敏的人，
還有不吃蛋全吃素食的人，
都可以做出好吃的蛋糕。
甚至還吃不出來是米蛋糕的味道，
而且可以善用道具做出各種變化造型。

一開始在製作純米蛋糕的時候，
我有非常大的困擾。
雖然很好吃，
可是在販售的過程當中，
它實在不能夠久放。

有一天，我吃到了
法國甜點大師 Cedricgrolet 的甜點。
他的甜點有各種水果的樣貌，
蘋果就是蘋果的造型，
連內餡也是蘋果的口味。
我就在想……
我要怎麼使用米粉這個材料，
做出一個可以耐放，
然後蛋糕有極高濕潤度，
還有造型超過對於蛋糕的框架限制。

那天晚上我的腦子突然浮現了許多靈感，
便開始把各種的經驗跟技巧做結合。

仰賴著以往的經驗，
還有一些新的嘗試跟創新，
很快地我就找到新的技術跟好吃的祕密。
於是我在廚房裡的米粉生活，
又開創了新的一頁。

就在這本書裡，
我們一起開始開心的烘焙吧！

Ariel

目　錄

CHAPTER
01
製作米蛋糕的事前準備
PREPARATIONS

CHAPTER
02
韓式經典米蛋糕
KOREAN CLASSIC RICE CAKE

CHAPTER
03
創意米戚風蛋糕
CHIFFON CAKE

【 PLUS 】
質感升等！米蛋糕的簡易裝飾

CHAPTER
04

韓式傳統年糕新演繹
KOREAN TRADITIONAL RICE CAKE

製作米蛋糕的事前準備

PREPARATIONS

- 米粉的基本認識
- 備妥基本工具

米粉的基本認識

米粉（가루멥쌀），是製作米蛋糕的最關鍵材料。選用對的米粉，可以讓米蛋糕從外觀到口感都更趨於完美，如果使用到米種或製法不適合的米粉，就無法做出風味正統的韓式米蛋糕。

在韓國，被拿來製作米蛋糕的米粉類型為「水磨米粉」，米的種類為蓬萊米（又稱作梗米），一般來説必須將米經過泡水、研磨、過篩、晾乾等繁複過程才能製成粉。用水磨米粉蒸出來的蛋糕口感，鬆軟中有綿密感，彈性也很好，但若是在來米製成的，就會比較黏稠。選購米粉的時候，到烘焙材料行、進口超市或網路平台等都能買到適合的米粉，有台灣國產品牌，也有韓國、日本品牌等，大家可以自行挑選信任的品牌來使用。

米粉的製作：

01 將蓬萊米洗兩次後，泡冰水 6-8 小時。

02 接著把泡過水的米過篩、晾乾，去除水分。

03 把米拿去碾米廠，請他們研磨成粉狀。或自行用功能性較強的調理機研磨。

04 由於自製米粉會有水氣殘留，因此要放冷凍保存，建議 3 天內使用完畢。

備妥基本工具

蒸籠

用來放入模具後炊蒸。如果想要一次蒸多一點米蛋糕，可以準備雙層蒸籠。依材質可分為竹製與不鏽鋼兩種。

蒸鍋

用來盛裝沸水的容器，上面放上蒸籠後，即可開始蒸米蛋糕。

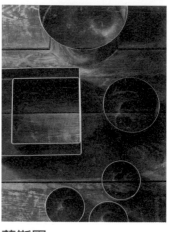

慕斯圈

中空環狀模具，用來固定米蛋糕形狀。造型有圓形、方形，大小也有不同尺寸。

打蛋器

攪拌混合材料時使用。

量匙

用來秤取較小量的材料。
1Tablespoon(大匙)=15ml
1Teaspoon(小匙)=5ml

量杯

通常用來秤取較大量的液態材料。本書中 1Cup（ 杯 ）的量為 200ml。

麵粉篩

用來過篩米粉。經由一次次的過篩，使米粉更細密。建議選購手掌在篩網上移動時不會感到吃力的大小，操作時才會快速順手。

攪拌盆

圓弧形的大口徑鋼盆，搓米粉以及過篩米粉時使用。建議具備兩個以上。

蒸籠布

因為蒸籠有孔隙，必須鋪在蒸籠底部，避免米粉掉落。也可用蒸籠紙。

電子磅秤

用來秤取材料，可以讓分量更為精準。

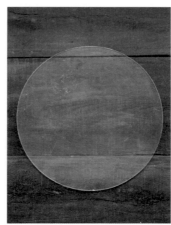

平面板子

剛蒸好的米蛋糕柔軟又燙手，準備一個平面的板子蓋在蒸籠上，然後翻轉蒸籠，就能取出米蛋糕。

刮板

用來整平放入模具中的米粉表面。

蛋糕轉台

將入模的米粉放在轉台上，使用刮板整平時會比較順手，米蛋糕表面也比較容易整理得平整均勻。

韓式經典米蛋糕

KOREAN CLASSIC RICE CAKE

• 白色米蛋糕 • 巧克力米蛋糕
• 芝麻米蛋糕 • 南瓜米蛋糕 • 抹茶米蛋糕
• 開心果慕斯米蛋糕 • 藍莓慕斯米蛋糕
• 花邊造型米蛋糕

韓國媽媽的
拿手蒸糕

　　韓式米蛋糕（백설기）在韓國是傳統的糕點，幾乎每個韓國媽媽都會做。有別於一般蛋糕的烘烤作法，是以「蒸」的方式製成。在蒸的過程中，空氣裡會飄散淡淡的米香味，剛蒸好時，吃起來的口感就像鬆糕一樣鬆軟，又帶有彈性。

　　傳統米蛋糕的組成簡單，僅以米粉、糖、鹽、水四種材料就能做出來。也因為材料簡單，不吃奶或蛋的人都可以食用，是一種天然無負擔的點心，因此從老人到孩子，甚至是素食者，接受度都很高。在韓國，寶寶出生 100 天時，會以象徵純潔的白色米蛋糕做為慶典蛋糕，並由家族成員共享，以此祝福寶寶能夠健康平安長大。

　　米蛋糕的作法看似簡單，但其實最關鍵的部分在於「經驗」。考量到每個城市的氣候不同、每天天氣也會有所變化、甚至米粉本身的差異，必須透過「手感」去判斷米粉的濕度、鬆軟程度，才會知道應該加多少水分。也因為這樣，雖然這是每個韓國媽媽都會的技能，但每個家庭都會做出專屬於自己的風味。

　　在這個章節中除了會介紹米蛋糕的最基本作法，也納入不同口味的配方，像是廣受歡迎的巧克力、抹茶、南瓜、芝麻等，並加入內餡去增添變化。可以一口品嚐到雙重口感的慕斯米蛋糕，也強烈推薦大家嘗試做看看，用自己喜歡的口味，變化出屬於自己的家庭味道。

開始操作
食譜之前的須知

• 食譜的配方分量大約都以六吋模為基準，但為了呈現不同型態，書中會交替使用不同大小的圓形與方形慕斯圈，尺寸如圖所示，提供各位參考。大家可依家裡現有的尺寸去製作，或是準備一個六吋模即可。

• 每道食譜的配方，是依據使用的米粉而定，但因每個牌子、每個季節的粉況不同，需視情況調整用量。

• 除了示範的幾種口味之外，地瓜、松子、伯爵奶茶、咖啡等也都很適合，大家可以嘗試看看。不過，對於新手來說，如果要做地瓜這類蔬果時，以市售蔬果粉去操作會比拿新鮮蔬果去蒸煮後加入來得容易，這是因為每顆蔬果的水分含量不同，每次都要視當下情況調整水分。

15cm

9cm

11cm

14.5cm

6cm

白色米蛋糕

[Pure Rice Cake]

[材　料]

米粉 ... 400g

水 ... 200g

鹽 ... 3g

砂糖 ... 60g

[模 具 / 分 量]

直徑 9cm 圓形慕斯圈 1 個 +
直徑 6cm 圓形慕斯圈 6 個

[作 法]

01 將米粉過篩至調理盆中。

02 將材料中的水加鹽拌勻後，分次少量地加入米粉中。ⓑ

03 加水時不要一次倒入，用雙手撥散米粉，一邊加水一邊搓。ⓒ

04 持續搓米粉約 10 分鐘，原本細細的米粉會開始結成小碎粒。ⓓ

05 搓到適合濕度後，將碎粒狀的米粉倒入篩網中，準備過篩。ⓔ ⓕ

BOX

測試米粉濕度 —————————————————————

用單手捏一塊在掌心壓緊，手張開時米粉可以結成塊狀，而不是小碎狀散開；再用大拇指稍微壓下時，米粉也會呈大塊狀分開，即表示已搓到適合濕度。

[作 法]

06 用手掌在麵粉篩上反覆畫圓,讓米粉篩進盆子裡。**g**

07 將米粉重複過篩 2-3 次,直到成為均勻細緻的粉狀。**h**

> **TIP** 搓米粉同時,另外先在蒸鍋裡裝過半的水,以大火煮滾。接下來「加糖→入模→蒸」的動作要快,以免糖因水分結塊,而影響口感。

08 將砂糖倒進篩好的米粉中,用手指輕輕拌勻。**i**

09 將慕斯圈擺放到蒸籠上,用手指鏟起米粉放進慕斯圈裡,填滿後用刮板或名片刮平表面。**j k**

> **TIP** 由於竹籠容易發霉,建議於蒸籠底先鋪一層廚房紙巾,再鋪上蒸籠布。

10 依照同樣方法,將所有米粉填入慕斯圈中。

11 用拇指與食指扣住慕斯圈上端兩側,微微地朝左右轉圈,讓慕斯圈與米粉之間出現空隙,方便之後脫模。**l**

[作 法]

12 完成後，放到已經加水**煮滾**的蒸鍋上，全程以中大火蒸。先蒸 5 分鐘，
用夾子等工具將慕斯圈取出後，再蒸 20 分鐘後熄火。最後燜 5 分鐘即
完成。

TIP 也可以直接將米蛋糕蒸 25 分鐘到完成，再移開慕斯圈，但周邊會比較乾。第
三種作法是在米粉入模定型後輕輕地將慕斯圈移開，然後直接蒸熟。因為蒸氣
很燙，過程中若需取出慕斯圈時務必小心。

TIP 剛蒸好的米蛋糕又燙又柔軟，如果不方便直接用手拿，取一個平盤倒扣在蒸籠
上，再將整個蒸籠反轉，就可以取出。

~ COLUMN ~

米蛋糕的保存方法

米蛋糕蒸好後，如果沒有要立
刻享用，建議在外層先包上圍
邊紙，避免乾燥而口感不佳。
常溫可放 1 天，需用蛋糕盒或
類似容器蓋起來。也可放冰箱
冷凍保存，3 天內取出後以滾
水大火回蒸 20 分鐘即可。

1. 將圍邊紙剪成比蛋糕外
   圍長一點的長度。

2. 圍邊紙貼緊蛋糕外圍繞
   一圈。

3. 再用膠帶黏住即可。

巧克力米蛋糕

[Chocolate Rice Cake]

[材 料]

米粉 ... 330g

可可粉 ... 3Tablespoons
＊建議選無糖

動物鮮奶油 ... 9Tablespoons

水 ... 105g
＊可用動物鮮奶油或牛奶取代水，比
例依個人喜好調整即可

鹽 ... 4g

砂糖 ... 43g

杏仁片 ... 適量（視個人喜好）
＊事先烤乾

水滴巧克力 ... 適量（視個人喜好）

[模 具 / 分 量]

直徑 9cm 圓形慕斯圈 2 個 +
直徑 6cm 圓形慕斯圈 2 個

[作　法]

01 將米粉過篩至調理盆中。ⓐ

02 先加入 1/3 的動物鮮奶油。

03 再加入可可粉。ⓑ

04 用雙手撥散米粉，讓動物鮮奶油與可可粉均勻混合。ⓒ

05 分 2-3 次加入剩下的動物鮮奶油，一邊持續搓米粉。

06 在水中放入鹽拌勻後，分次少量地加入米粉中，一邊加
水一邊搓米粉。

07 搓到適合濕度後，將米粉倒入篩網中，準備過篩。

　　TIP 測試米粉濕度：用單手捏一塊在掌心壓緊，手張開時如果米
粉可以結成塊狀，表示已搓到適合濕度；如果沒有結塊，散
開成小碎狀，就表示太乾，要繼續加水。（參考 P24）ⓓ

08 用手掌在麵粉篩上反覆畫圓，讓米粉篩進盆子裡。重複
過篩 2-3 次，直到成為均勻細緻的粉狀。ⓔ

　　TIP 搓米粉同時，另外先在蒸鍋裡裝過半的水，以大火煮滾。接
下來「加糖→入模→蒸」的動作要快，以免糖因水分結塊，
而影響口感。

09 將砂糖倒進篩好的米粉中，用手指輕輕拌勻。ⓕ

[作　法]

10　將慕斯圈擺放到蒸籠上，用手指鏟起米粉放進慕斯圈裡，
　　填入約半滿時，將水滴巧克力依個人喜好放幾顆在中間。
　　g **h**

　　TIP 水滴巧克力經過加熱後會融化，切開米蛋糕時便會宛如爆漿
　　一樣流洩出來，飄散出濃郁的巧克力香氣。

　　TIP 由於竹籠容易發霉，建議於蒸籠底先鋪一層廚房紙巾，再鋪
　　上蒸籠布。

11　將杏仁片加入剩餘的米粉中稍微混合，再將慕斯圈整個
　　填滿。**i** **j**

　　TIP 除了杏仁片之外，可以加入喜好的配料，例如榛果、開心果、
　　覆盆莓果乾等等。

12　填滿後用刮板或名片刮平表面。**k**

13　依照同樣方法，將米粉填入所有慕斯圈中，再用拇指與
　　食指扣住慕斯圈上端兩側，微微地朝左右轉圈，讓慕斯
　　圈與米粉之間出現空隙，方便之後脫模。

14　完成後放到已經加水煮滾的蒸鍋上，全程以中大火蒸。
　　先蒸 5 分鐘，用夾子等工具將慕斯圈取出後，再蒸 20 分
　　鐘後熄火（或直接蒸 25 分鐘）。最後燜 5 分鐘即完成。
　　l

芝麻米蛋糕

[Sesame Rice Cake]

[材　料]

蛋糕體

米粉 ... 330g

黑芝麻粉 ... 6Tablespoons

水 ... 220g

鹽 ... 4g

砂糖 ... 43g

內餡

黑芝麻粉 ... 2Tablespoons

砂糖 ... 1Tablespoon

鹽 ... 1g

水 ... 40g

[模 具 / 分 量]

直徑 15cm 圓形慕斯圈 1 個

[作　法]

01 將米粉過篩至調理盆中，再加入黑芝麻粉混合均勻。ⓐ

02 將鹽加入水中，攪拌均勻。ⓑ

03 將水分次少量地加入米粉中，一邊加水一邊搓米粉。ⓒ

04 搓到適合濕度後，將米粉倒入篩網中，準備過篩。

> **TIP** 測試米粉濕度：用單手捏一塊在掌心壓緊，手張開時如果米
> 粉可以結成塊狀，表示已搓到適合濕度；如果沒有結塊，散
> 開成小碎狀，就表示太乾，要繼續加水。（參考 P24）

05 用手掌在麵粉篩上反覆畫圓，讓米粉篩進盆子裡。重複
　　過篩 2-3 次，直到成為均勻細緻的粉狀。

> **TIP** 搓米粉同時，另外先在蒸鍋裡裝過半的水，以大火煮滾。接
> 下來「加糖→入模→蒸」的動作要快，以免糖因水分結塊，
> 而影響口感。

06 另外準備一個小鍋，放入「內餡」材料的黑芝麻粉、砂
　　糖、鹽、水，用小火一邊加熱一邊攪拌，煮至濃稠狀，
　　即完成黑芝麻內餡。ⓓ

07 將砂糖倒進篩好的米粉中，用手指輕輕拌勻。ⓔ

08 將慕斯圈擺放到蒸籠上，用手指鏟起米粉放進慕斯圈裡，
　　填入至半滿時，將黑芝麻內餡放入正中間。ⓕ

> **TIP** 由於竹籠容易發霉，建議於蒸籠底先鋪一層廚房紙巾，再鋪
> 上蒸籠布。

[作　　法]

09 用米粉將慕斯圈整個填滿後，再用刮板或名片刮平表面。**g h**

10 用拇指與食指扣住慕斯圈上端兩側，微微地朝左右轉圈，讓慕斯圈與米粉之間出現空隙後，輕輕地將慕斯圈往上抬起、移開。**i j**

11 完成後，放到已經加水煮滾的蒸鍋上，全程以中大火蒸。蒸 25 分鐘後熄火，最後燜 5 分鐘即完成。

南瓜米蛋糕

[Pumpkin Rice Cake]

[材　料]

蛋糕體

米粉 ... 330g

南瓜泥 ... 2Cups

＊使用新鮮南瓜比較好吃，但南瓜水分多
不好掌握，也可以用南瓜粉取代，其比例
約為 6Tablespoons 南瓜粉 +220g 水

水 ... 120 - 140g

＊可用動物鮮奶油或牛奶取代水，比例依
個人喜好調整即可

鹽 ... 3 - 4g

砂糖 ... 30g

內餡

南瓜泥 ... 50g

動物鮮奶油 ... 25g

砂糖 ... 8g

[模 具 / 分 量]

14.5cm 正方形慕斯圈 1 個

[其 他 工 具]

花形壓模

[作　法]

製作南瓜泥

將南瓜切塊、放入電鍋蒸熟,去掉外皮和籽後,壓成泥狀即可。

---

01 將米粉過篩至調理盆中,再加入南瓜泥。**ⓐ**

02 一邊混合米粉與南瓜泥,一邊搓揉至均勻。**ⓑ ⓒ**

03 在水中放入鹽拌勻後,分次少量地加入米粉中,持續搓米粉。(也可以用鮮奶油取代水,示範圖為加鮮奶油)**ⓓ ⓔ**

　　`TIP` 由於每顆南瓜的含水量不一,加入米粉中搓揉後,米粉的濕度會有所差異。可視自己喜歡的口感,決定要添加多少量的水或鮮奶油。

04 搓到適合濕度後,將米粉倒入篩網中,準備過篩。

　　`TIP` 測試米粉濕度:用單手捏一塊在掌心壓緊,手張開時如果米粉可以結成塊狀,表示已搓到適合濕度;如果沒有結塊,散開成小碎狀,就表示太乾,要繼續加水。(參考 P24)

05 用手掌在麵粉篩上反覆畫圓,讓米粉篩進盆子裡。重複過篩 2-3 次,直到成為均勻細緻的粉狀。**ⓕ**

　　`TIP` 搓米粉同時,另外先在蒸鍋裡裝過半的水,以大火煮滾。接下來「加糖→入模→蒸」的動作要快,以免糖因水分結塊,而影響口感。

[作 法]

06 另外準備一個小鍋，放入「內餡」材料的南瓜泥、動物鮮奶油、砂糖，用小火一邊加熱一邊攪拌，煮至濃稠狀，即完成南瓜內餡。**g**

07 將砂糖倒進篩好的米粉中，用手指輕輕拌勻。

> **TIP** 搓米粉同時，另外先在蒸鍋裡裝過半的水，以大火煮滾。接下來「加糖→入模→蒸」的動作要快，以免糖因水分結塊，而影響口感。

08 將慕斯圈擺放到蒸籠上，用手指鏟起米粉放進慕斯圈裡，填入至半滿時，將南瓜內餡平均地鋪滿在正中間。**h**

> **TIP** 由於竹籠容易發霉，建議於蒸籠底先鋪一層廚房紙巾，再鋪上蒸籠布。

09 用米粉將慕斯圈整個填滿後，再用刮板或名片刮平表面。

10 拿尺當輔助，在米粉上用刀子從上往下畫十字，均分成 4 塊。

11 將花形壓模擺在米粉上、垂直往下壓，再垂直地拿起。動作要輕柔且快速，不要晃動，才能壓出漂亮的紋路。

12 用拇指與食指扣住慕斯圈上端兩側，微微地朝左右轉圈，讓慕斯圈與米粉之間出現空隙後，輕輕地將慕斯圈往上抬起、移開。

13 完成後，放到已經加水煮滾的蒸鍋上，全程以中大火蒸。蒸 25 分鐘後熄火，最後燜 5 分鐘即完成。

抹茶米蛋糕

[Matcha Rice Cake]

[材　料]

蛋糕體

米粉 ... 330g

抹茶粉 ... 3Tablespoons

動物鮮奶油 ... 3Tablespoons

水 ... 140g

＊可用動物鮮奶油或牛奶取代水，比例依個人喜好調整即可

鹽 ... 4g

砂糖 ... 43g

內餡

紅豆餡 ... 適量

＊可用市售紅豆泥或自己製作

[模 具 / 分 量]

11cm 正方形慕斯圈 1 個 +
直徑 9cm 圓形慕斯圈 1 個 +
直徑 6cm 圓形慕斯圈 2 個

[其 他 工 具]

花形壓模

[作　法]

01 將米粉過篩至調理盆中,再加入抹茶粉,攪拌均勻。**ⓐ**

02 將鹽加入水中拌勻。將動物鮮奶油、水分次少量地加入
　　米粉中,一邊搓米粉。**ⓑ ⓒ**

03 搓到適合濕度後,將米粉倒入篩網中,準備過篩。

　　TIP 測試米粉濕度:用單手捏一塊在掌心壓緊,手張開時如果米
　　　　　粉可以結成塊狀,表示已搓到適合濕度;如果沒有結塊,散
　　　　　開成小碎狀,就表示太乾,要繼續加水。(參考 P24)

04 用手掌在麵粉篩上反覆畫圓,讓米粉篩進盆子裡。重複
　　過篩 2-3 次,直到成為均勻細緻的粉狀。**ⓓ**

　　TIP 搓米粉同時,另外先在蒸鍋裡裝過半的水,以大火煮滾。接
　　　　　下來「加糖→入模→蒸」的動作要快,以免糖因水分結塊,
　　　　　而影響口感。

05 將砂糖倒進篩好的米粉中,用手指輕輕拌勻。**ⓔ ⓕ**

[作 法]

06 將方形慕斯圈擺放到蒸籠上，用手指鏟起米粉放進慕斯圈裡，填入至半滿時，將紅豆餡平均地鋪在正中間。**g**

> **TIP** 由於竹籠容易發霉，建議於蒸籠底先鋪一層廚房紙巾，再鋪上蒸籠布。

07 再拿米粉將慕斯圈填滿後，用刮板或名片刮平表面。**h**

08 拿尺或筷子當輔助，在米粉上用刀子從上往下畫十字，均分成 4 塊。**i j**

09 將花形壓模從米粉上方垂直往下壓，再垂直地拿起。動作輕柔且快速，不要晃動，才能壓出漂亮的紋路。**k**

10 準備另一個蒸籠，擺放圓形慕斯圈。將剩下的米粉填入慕斯圈中，填滿後用刮板或名片刮平表面即可。**l**

11 用拇指與食指扣住慕斯圈上端兩側，微微地朝左右轉圈，讓慕斯圈與米粉之間出現空隙，方便之後脫模。

12 完成後，放到已經加水煮滾的蒸鍋上，全程以中大火蒸。先蒸 5 分鐘，用夾子等工具將慕斯圈取出後，再蒸 20 分鐘後熄火（或直接蒸 25 分鐘）。最後燜 5 分鐘即完成。

BOX

使用到兩層蒸籠時，下面那層的蒸籠上方要先蓋布，再疊上另一層，避免水滴下去影響到米蛋糕的口感與外型。

開心果慕斯米蛋糕

[Pistachio Mousse Rice Cake]

【 材　料 】

開心果醬

水 ... 20g

砂糖 ... 40g

開心果 ... 60g

＊開心果醬也可以直接購買市售品

蛋糕體

米粉 ... 160g

開心果醬 ... 40g

水 ... 60g

鹽 ... 3 - 4g

砂糖 ... 30g

開心果慕斯

蛋黃 ... 2 顆

砂糖 ... 25g

牛奶 ... 25g

動物鮮奶油 ... 150g

吉利丁片 ... 3g

開心果醬 ... 25g

蘭姆酒 ... 1/2Teaspoon

開心果碎 ... 少許

【 模 具 / 分 量 】

直徑 9cm 圓形慕斯圈 1 個 + 直徑 6cm 圓形慕斯圈 3 個

[作　法]

製作開心果醬

將開心果用調理機打成碎末（或用研磨棒搗碎），與水、糖放入鍋中，用小火一邊加熱一邊攪拌，煮至濃稠狀即完成。

製作蛋糕體

01 將米粉過篩至調理盆中，再加入開心果醬混合均勻。ⓐ

02 將鹽加入水中拌勻後，將水分次少量地加入米粉中，一邊加水一邊搓米粉。ⓑ

03 搓到適合濕度後，將米粉倒入篩網中，準備過篩。

　　TIP 測試米粉濕度：用單手捏一塊在掌心壓緊，手張開時如果米粉可以結成塊狀，表示已搓到適合濕度；如果沒有結塊，散開成小碎狀，就表示太乾，要繼續加水。（參考 P24）

04 用手掌在麵粉篩上反覆畫圓，讓米粉篩進盆子裡。重複過篩 2-3 次，直到成為均勻細緻的粉狀。ⓒ ⓓ

　　TIP 搓米粉同時，另外先在蒸鍋裡裝過半的水，以大火煮滾。接下來「加糖→入模→蒸」的動作要快，以免糖因水分結塊，而影響口感。

05 將砂糖倒進篩好的米粉中，用手指輕輕拌勻。ⓔ

06 將慕斯圈擺放到蒸籠上，用手指鏟起米粉放進慕斯圈裡，填至 2/3 滿即可。ⓕ

　　TIP 由於竹籠容易發霉，建議於蒸籠底先鋪一層廚房紙巾，再鋪上蒸籠布。

07 填入之後，用手指稍微撥平表面。

08 用拇指與食指扣住慕斯圈上端兩側，微微地朝左右轉圈，讓慕斯圈與米粉之間出現空隙，方便之後脫模。

09 完成後，放到已經加水煮滾的蒸鍋上，全程以中大火蒸。先蒸 5 分鐘，用夾子等工具將慕斯圈取出後，再蒸 20 分鐘後熄火（或直接蒸 25 分鐘）。最後燜 5 分鐘即完成蛋糕體。

[作 法]

製作開心果慕斯

10 另外準備一個小鍋，放入「慕斯」材料的蛋黃、砂糖拌勻，再倒入溫牛奶。用中小火一邊加熱一邊攪拌，煮至濃稠狀，完成蛋黃牛奶糊。**ⓖ**

11 將鮮奶油打至六分發（流速慢、有稠度，用打蛋器提起時會下垂的程度）後，放入蛋黃牛奶糊，拌勻。**ⓗ ⓘ**

12 再加入以冷水泡至軟化的吉利丁片，攪拌均勻。**ⓙ**

13 然後加入開心果醬、蘭姆酒，充分拌勻。**ⓚ**

14 最後撒上開心果碎，即完成開心果慕斯。**ⓛ**

15 將開心果慕斯裝進擠花袋中，擠入已蒸好的蛋糕體上，上方再撒點開心果碎裝飾即完成。**ⓜ**

> **TIP** 慕斯與蛋糕體的比例可隨個人喜好口感而自由調整，當慕斯的比例較多時，蛋糕體的開心果醬分量就可以減少。

m

藍莓慕斯
米蛋糕

[Blueberry Mousse Rice Cake]

【 材　料 】

蛋糕體

米粉 ... 160g

藍莓醬 ... 3Tablespoons

水 ... 40g

鹽 ... 3 - 4g

砂糖 ... 40g

藍莓慕斯

蛋黃 ... 3 顆

砂糖 ... 30g

藍莓醬 ... 25g

＊也可以用藍莓汁替代，慕斯攪拌
完成後再加點藍莓果實

動物鮮奶油 ... 200g

白蘭地 ... 1/2Teaspoon

吉利丁片 ... 5 片

藍莓果實或蝶豆花 ... 少許

【 模 具 / 分 量 】

直徑 9cm 圓形慕斯圈 1 個 + 直徑 6cm 圓形慕斯圈 2 個

[作　法]

製作蛋糕體

01 將米粉過篩至調理盆中,再加入藍莓醬混合均勻。ⓐ

02 將鹽加入水中拌勻後,將水分次少量地加入米粉中,一邊加水一邊搓米粉。ⓑⓒ

03 搓到適合濕度後,將米粉倒入篩網中,準備過篩。

> **TIP** 測試米粉濕度:用單手捏一塊在掌心壓緊,手張開時如果米粉可以結成塊狀,表示已搓到適合濕度;如果沒有結塊,散開成小碎狀,就表示太乾,要繼續加水。(參考 P24)

04 用手掌在麵粉篩上反覆畫圓,讓米粉篩進盆子裡。重複過篩 2-3 次,直到成為均勻細緻的粉狀。ⓓ

> **TIP** 搓米粉同時,另外先在蒸鍋裡裝過半的水,以大火煮滾。接下來「加糖→入模→蒸」的動作要快,以免糖因水分結塊,而影響口感。

05 將砂糖倒進篩好的米粉中,用手指輕輕拌勻。ⓔ

06 將慕斯圈擺放到蒸籠上,用手指鏟起米粉放進慕斯圈裡,填至約 2/3 滿即可,之後用手指稍微撥平表面。ⓕ

> **TIP** 由於竹籠容易發霉,建議於蒸籠底先鋪一層廚房紙巾,再鋪上蒸籠布。

07 用拇指與食指扣住慕斯圈上端兩側,微微地朝左右轉圈,讓慕斯圈與米粉之間出現空隙,方便之後脫模。

08 完成後,放到已經加水煮滾的蒸鍋上,全程以中大火蒸。先蒸 5 分鐘,用夾子等工具將慕斯圈取出後,再蒸 20 分鐘後熄火 (或直接蒸 25 分鐘)。最後燜 5 分鐘即完成蛋糕體。

[作　　法]

製作藍莓慕斯

09 另外準備一個小鍋，放入「慕斯」材料的蛋黃、砂糖拌勻，再倒入藍莓醬。用中小火一邊加熱一邊攪拌，煮至濃稠狀，大約是 80 度，完成蛋黃藍莓糊。**g**

10 將鮮奶油打至六分發，也就是流動速度較緩慢、有稠度，用打蛋器提起時，鮮奶油會下垂的程度。**h i**

11 在打發鮮奶油中依序放入蛋黃藍莓糊、白蘭地，攪拌均勻。**j k**

12 再加入以冷水泡至軟化的吉利丁片，充分拌勻，即完成藍莓慕斯。**l**

13 將藍莓慕斯裝進擠花袋中，擠入已蒸好的蛋糕體上，上方再放點藍莓果實或蝶豆花裝飾即完成。

進 階
設 計

花邊造型
米蛋糕

[Flower Pattern Rice Cake]

[材 　 料]

搓好過篩的白色米粉
＊材料與作法參考 P24-27

搓好過篩的抹茶米粉
＊材料與作法參考 P50-51

[模 具 / 分 量]

直徑 15cm 圓形慕斯圈 1 個

[其 他 工 具]

蛋糕轉台、量匙、花朵造型
透明塑膠片

[作 法]

01 準備好白色米粉以及抹茶米粉。

02 將慕斯圈與蒸籠放到蛋糕轉台上,用手指鏟起白色米粉放進慕斯圈裡約七分滿。

03 取量匙從蛋糕邊緣垂直往下壓出凹洞,凹洞之間稍微留點間距,依序繞完蛋糕一圈。ⓐ

04 再把抹茶米粉放進慕斯圈鋪滿,填滿後用刮板或名片刮平表面。ⓑ ⓒ

　　TIP 可先將凹洞填滿,再把整面鋪滿,以免不均勻。

05 將花朵造型透明塑膠片輕輕地放到慕斯圈上方。ⓓ

　　TIP 花朵形狀可依個人喜好自行剪裁,並依據不同尺寸的蛋糕模具剪出適當大小。

06 再取少許白色米粉放在中央花朵形狀上,並將表面稍微整平後,輕輕地把塑膠片往上移動拿開,做出造型。ⓔ

07 用拇指與食指扣住慕斯圈上端兩側,微微地朝左右轉圈,讓慕斯圈與米粉之間出現空隙後,輕輕地將慕斯圈往上抬起、移開。

08 完成後,放到已經加水煮滾的蒸鍋上,全程以中大火蒸。蒸 25 分鐘後熄火,最後燜 5 分鐘即完成。

ⓔ

創意
米戚風蛋糕

CHIFFON CAKE

符合台灣家庭的新形態米蛋糕

　　傳統的韓式米蛋糕由於材料天然，一旦在室溫下放置過久，自然而然會變得乾硬，而放入冰箱冷藏過後，也需要重新蒸過，才能回復到像是現做時的鬆軟口感。考量到在台灣的家庭人口數少，一次做出來的蛋糕可能無法短時間內享用完，我將韓式米蛋糕的作法重新演繹，設計出可以延長保存時間、且作法更為簡易的配方。

　　在這些我名為「米戚風蛋糕」的配方中，我加入了雞蛋這項材料，因此蛋糕本身除了有米的香氣，還會增添一份蛋香。運用蛋白讓蛋糕體膨脹，在口感上也更類似於用麵粉做成的戚風蛋糕，如果不說，大家可能也不會發現是以米粉製作的。

　　在口味上我試做了非常多個版本，從各式口味的粉類、茶葉到蔬果等，在書裡呈現出來的都是我喜歡的口味，真的很好吃。此外，因為希望在製作上能更有趣味，我特地用了不同造型的模具，做出不一樣的變化，收到蛋糕的大家一定會很開心。

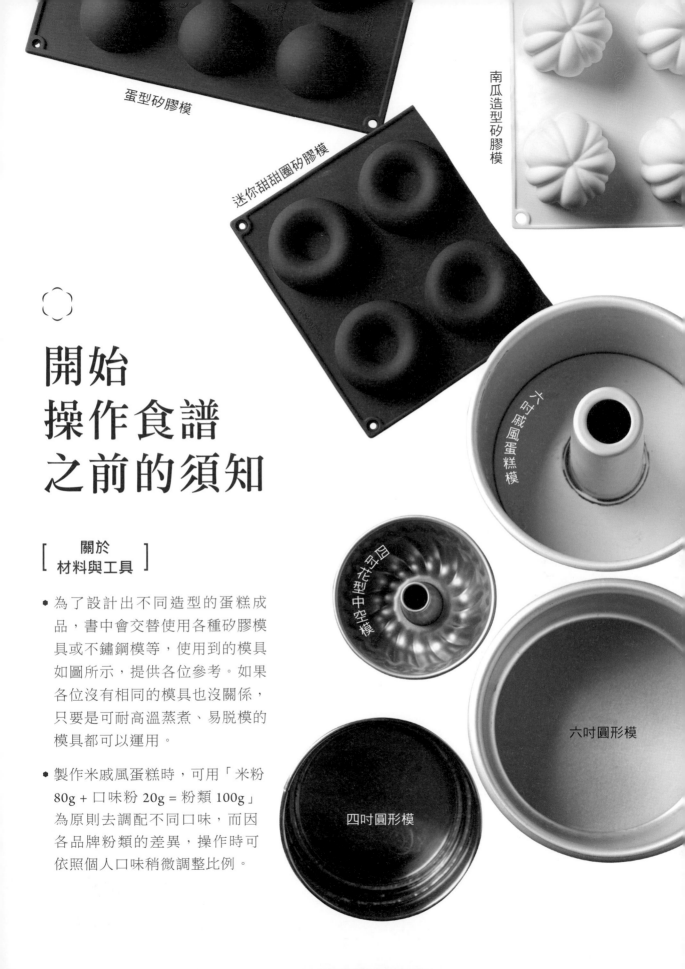

蛋型矽膠模

南瓜造型矽膠模

迷你甜甜圈矽膠模

六吋戚風蛋糕模

凹花型中空模

六吋圓形模

四吋圓形模

開始操作食譜之前的須知

[關於
材料與工具]

- 為了設計出不同造型的蛋糕成品，書中會交替使用各種矽膠模具或不鏽鋼模等，使用到的模具如圖所示，提供各位參考。如果各位沒有相同的模具也沒關係，只要是可耐高溫蒸煮、易脫模的模具都可以運用。

- 製作米戚風蛋糕時，可用「米粉80g + 口味粉 20g = 粉類 100g」為原則去調配不同口味，而因各品牌粉類的差異，操作時可依照個人口味稍微調整比例。

- 當粉類的量為 100g 時，基本原則是使用「4 顆蛋白 + 45g 砂糖 = 200g」去打發蛋白霜。但考量到每顆雞蛋的重量不等，請留意適度增減蛋白的量，打發後的蛋白霜分量才會足夠。

- 植物油部分選用橄欖油、玄米油等都可以。

- 各款蛋糕的口味，除了以市售口味粉調味外，也可以嘗試加入蔬菜水果，會有不同的香氣與口感。但因每個人購買的蔬果水分不同，配方比例須以每次實際操作為準，切勿直接取粉類配方替換。

[準備蒸籠]

在製作蛋糕麵糊的同時，就要先在蒸鍋裡裝半滿的水，以大火煮滾備用。因為蛋糕麵糊一旦完成後，若沒有立刻拿去蒸，形狀跟口感都會變差。如果要一次蒸兩個蒸籠，水就裝到八分滿。

[打發蛋白霜]

使用在米戚風蛋糕的蛋白，與一般用麵粉做戚風蛋糕的方式不同，打發過程中**不需要分次下糖**，因為使用的是米粉，相較之下會更容易操作。

作法

1. 使用球狀攪拌器，開高速先將蛋白打到發泡。

2. 一次加入全部砂糖打發。

3. 持續打到七分發為止。這時候拿起攪拌器時，上頭的蛋白霜會呈現小勾狀。

[蛋糕脫模技巧]

如果是用矽膠模具，稍微壓一下即可倒扣出來；如果是不鏽鋼模具，就用刀子稍微沿著模具內緣劃一圈，再小心地移開。

[蛋糕保存方式]

如果當天沒有食用完畢，可以放冰箱冷藏保存 3 天。

焙茶
米戚風蛋糕

[Roasted Green Tea Chiffon]

【 材　料 】

米粉 ... 85g
焙茶粉 ... 15g
牛奶 ... 60g
植物油 ... 10g
蛋黃 ... 4 顆
蛋白 ... 4 顆
砂糖 ... 45g

【 模 具 / 分 量 】

蛋型矽膠模 10 個 or
六吋圓形模 1 個

［ 作　法 ］

01 將米粉、焙茶粉、牛奶、植物油、蛋黃混合均勻。**ⓐⓑ**

　　TIP 不同品牌的粉類操作時會略有差異，也可能出現結團現象，但不影響成品，只要可以拌勻即可。

02 用球狀攪拌器先將蛋白打到發泡，再加入全部砂糖打發，持續打到七分發為止。拿起攪拌器時，上頭的蛋白霜會呈現小勾狀即表示完成。**ⓒ**

03 將蛋白霜分次（約三次）加入作法 1 的麵糊中，以繞圈方式拌合至均勻。**ⓓⓔⓕ**

　　TIP 由於蛋白霜容易消泡，拌合的動作必須輕柔且速度快。

[作　法]

04 將拌勻的蛋糕麵糊裝到擠花袋中，裝填到模具裡約九分滿。ⓖ

05 模具外用耐熱保鮮膜包覆兩層，使其密封，避免蒸的過程中水氣跑進去，而影響口感。ⓗ

06 完成後將模具放到蒸籠裡，全程以大火蒸。先蒸 45 分鐘後熄火，再燜 5 分鐘即完成。

07 取出蛋糕後趁熱將保鮮膜剪開（留意水氣避免滴到蛋糕上），移除模具即可。

抹茶
米戚風蛋糕

[Matcha Chiffon]

【 材　料 】

米粉 ... 80g

抹茶粉 ... 20g

牛奶 ... 60g

植物油 ... 10g

蛋黃 ... 4 顆

蛋白 ... 4 顆

砂糖 ... 45g

【 模 具 / 分 量 】

蛋型矽膠模 10 個 or

六吋圓形模 1 個

[作　法]

01 將米粉、抹茶粉、牛奶、植物油、蛋黃混合均勻。ⓐ

02 用球狀攪拌器先將蛋白打到發泡，再加入全部砂糖打發，持續打到七分發為止。拿起攪拌器時，上頭的蛋白霜會呈現小勾狀即表示完成。ⓑ

03 將蛋白霜分次（約三次）加入作法 1 的麵糊中，以繞圈方式拌合，動作必須輕柔且快速。ⓒ

04 將拌勻的蛋糕麵糊裝到擠花袋中，裝填到模具裡約九分滿。ⓓ

05 模具外用耐熱保鮮膜包覆兩層，使其密封，避免蒸的過程中水氣跑進去，而影響口感。

06 完成後將模具放到蒸籠裡，全程以大火蒸。先蒸 45 分鐘後熄火，再燜 5 分鐘即完成。ⓔ

07 取出蛋糕後趁熱將保鮮膜剪開（留意水氣避免滴到蛋糕上），移除模具即可。

泰式奶茶
米戚風蛋糕

[Thai Tea Chiffon]

[材　料]

米粉 ... 40g
泰式奶茶粉 ... 20g
牛奶 ... 15g
煉乳 ... 15g
植物油 ... 5g
蛋黃 ... 2 顆
蛋白 ... 2 顆
砂糖 ... 23g

[模具 / 分量]

南瓜造型矽膠模 4 個 or
四吋圓形模 1 個

[作　　法]

01 將米粉、泰式奶茶粉、牛奶、煉乳、植物油、蛋黃混合
均勻。ⓐ

02 用球狀攪拌器先將蛋白打到發泡，再加入全部砂糖打發，
持續打到七分發為止。拿起攪拌器時，上頭的蛋白霜會
呈現小勾狀即表示完成。ⓑ

03 將蛋白霜分次（約三次）加入作法 1 的麵糊中，以繞圈
方式拌合，動作必須輕柔且快速。ⓒ

04 將拌勻的蛋糕麵糊裝到擠花袋中，裝填到模具裡約九分
滿。ⓓ

05 模具外用耐熱保鮮膜包覆兩層，使其密封，避免蒸的過
程中水氣跑進去，而影響口感。

06 完成後將模具放到蒸籠裡，全程以大火蒸。先蒸 45 分
鐘後熄火，再燜 5 分鐘即完成。

07 取出蛋糕後趁熱將保鮮膜剪開（留意水氣避免滴到蛋糕
上），移除模具即可。

TIP 這款蛋糕需要靜置一段時間之後，味道才會更出來。

芒果
米戚風蛋糕

[Mungo Chiffon]

[材 料]

米粉 ... 40g

芒果粉 ... 15g

牛奶 ... 20g

煉乳 ... 15g

植物油 ... 5g

蛋黃 ... 2 顆

蛋白 ... 2 顆

砂糖 ... 23g

[模 具 / 分 量]

南瓜造型矽膠模 4 個 or

四吋圓形模 1 個

[作 法]

01 將米粉、芒果粉、牛奶、煉乳、植物油、
蛋黃混合均勻。ⓐ

02 用球狀攪拌器先將蛋白打到發泡，再加入
全部砂糖打發，持續打到七分發為止。拿
起攪拌器時，上頭的蛋白霜會呈現小勾狀
即表示完成。ⓑ

03 將蛋白霜分次（約三次）加入作法1的麵
糊中，以繞圈方式拌合，動作必須輕柔且
快速。ⓒ

04 將拌勻的蛋糕麵糊裝到擠花袋中，裝填到
模具裡約九分滿。ⓓ

05 模具外用耐熱保鮮膜包覆兩層，使其密封，
避免蒸的過程中水氣跑進去而影響口感。ⓔ

06 完成後將模具放到蒸籠裡，全程以大火蒸。
先蒸 45 分鐘後熄火，再燜 5 分鐘即完成。

07 取出蛋糕後趁熱將保鮮膜剪開（留意水氣
避免滴到蛋糕上），移除模具即可。ⓕ

TIP 這款蛋糕需要靜置一段時間之後，味道才會
更出來。

草莓
米戚風蛋糕

[Strawberry Chiffon]

[材　料]

米粉 ... 60g

草莓粉 ... 20g

牛奶 ... 45g

植物油 ... 7.5g

蛋黃 ... 3 顆

蛋白 ... 3 顆

砂糖 ... 33g

[模 具 / 分 量]

四吋花型中空模 1 個 +
迷你甜甜圈矽膠模 4 個

[作　　法]

01　將米粉、草莓粉、牛奶、植物油、蛋黃混合均勻。ⓐ

02　用球狀攪拌器先將蛋白打到發泡，再加入全部砂糖打發，
　　持續打到七分發為止。拿起攪拌器時，上頭的蛋白霜會
　　呈現小勾狀即表示完成。ⓑ

03　將蛋白霜分次（約三次）加入作法 1 的麵糊中，以繞圈
　　方式拌合，動作必須輕柔且快速。ⓒ ⓓ

04　將拌勻的蛋糕麵糊裝到擠花袋中，裝填到模具裡約九分
　　滿。ⓔ ⓕ
　　　TIP　中空模的底部要鋪上一張烘焙紙，避免沾黏而難脫模。

05　模具外用耐熱保鮮膜包覆兩層，使其密封，避免蒸的過
　　程中水氣跑進去，而影響口感。

06　完成後將模具放到蒸籠裡，全程以大火蒸。先蒸 45 分
　　鐘後熄火，再燜 5 分鐘即完成。

07　取出蛋糕後趁熱將保鮮膜剪開（留意水氣避免滴到蛋糕
　　上），移除模具即可。

覆盆莓
米戚風蛋糕

[Raspberry Chiffon]

[材　料]

米粉 ... 60g

覆盆莓粉 ... 15g

牛奶 ... 45g

植物油 ... 7.5g

蛋黃 ... 3 顆

蛋白 ... 3 顆

砂糖 ... 33g

莓果類果醬 ... 適量

[模具 / 分量]

四吋花型中空模 1 個 +
迷你甜甜圈矽膠模 4 個

[作　法]

01 將米粉、覆盆莓粉、牛奶、植物油、蛋黃混合均
　　勻。🅐🅑

02 用球狀攪拌器先將蛋白打到發泡，再加入全部砂
　　糖打發，持續打到七分發為止。拿起攪拌器時，
　　上頭的蛋白霜會呈現小勾狀即表示完成。🅒

03 將蛋白霜分次（約三次）加入作法 1 的麵糊中，
　　以繞圈方式拌合，動作必須輕柔且快速。🅓🅔🅕

[作　　法]

04 將拌勻的蛋糕麵糊裝到擠花袋中，裝填到模具裡，迷你
甜甜圈矽膠模裝約九分滿，花型中空模裝約半滿。**g**

　　TIP 中空模的底部要鋪上一張烘焙紙，避免沾黏而難脫模。

05 在花型中空模裡加入少許的莓果類果醬，再擠入蛋糕麵
糊至九分滿。**h**

06 模具外用耐熱保鮮膜包覆兩層，使其密封，避免蒸的過
程中水氣跑進去，而影響口感。**i**

07 完成後將模具放到蒸籠裡，全程以大火蒸。先蒸 45 分
鐘後熄火，再燜 5 分鐘即完成。

08 取出蛋糕後趁熱將保鮮膜剪開（留意水氣避免滴到蛋糕
上），移除模具即可。

錫蘭紅茶
米戚風蛋糕

[Ceylon Black Tea Chiffon]

[材　料]

米粉 ... 85g
錫蘭紅茶粉 ... 15g
牛奶 ... 65g
植物油 ... 10g
蛋黃 ... 4 顆
蛋白 ... 4 顆
砂糖 ... 45g

[模 具 / 分 量]

四吋圓形模 1 個 +
蛋型矽膠模 3 個

[作　法]

01 將米粉、錫蘭紅茶粉、牛奶、植物油、蛋黃混合均勻。ⓐ

02 用球狀攪拌器先將蛋白打到發泡，再加入全部砂糖打發，持續打到七分發為止。拿起攪拌器時，上頭的蛋白霜會呈現小勾狀即表示完成。ⓑ

03 將蛋白霜分次（約三次）加入作法 1 的麵糊中，以繞圈方式拌合，動作必須輕柔且快速。ⓒⓓ

04 將拌勻的蛋糕麵糊裝到擠花袋中，裝填到模具裡約九分滿。ⓔ

　　TIP 圓形模具的底部要鋪上一張烘焙紙，避免沾黏而難脫模。

05 模具外用耐熱保鮮膜包覆兩層，使其密封，避免蒸的過程中水氣跑進去，而影響口感。ⓕ

06 完成後將模具放到蒸籠裡，全程以大火蒸。先蒸 45 分鐘後熄火，再燜 5 分鐘即完成。

07 取出蛋糕後趁熱將保鮮膜剪開（留意水氣避免滴到蛋糕上），移除模具即可。

紫地瓜
米戚風蛋糕

[Purple Sweet Potato Chiffon]

【 材　　料 】

米粉 ... 80g

紫地瓜粉 ... 20g

牛奶 ... 60g

植物油 ... 10g

蛋黃 ... 4 顆

蛋白 ... 4 顆

砂糖 ... 45g

【 模 具 / 分 量 】

六吋戚風蛋糕模 1 個

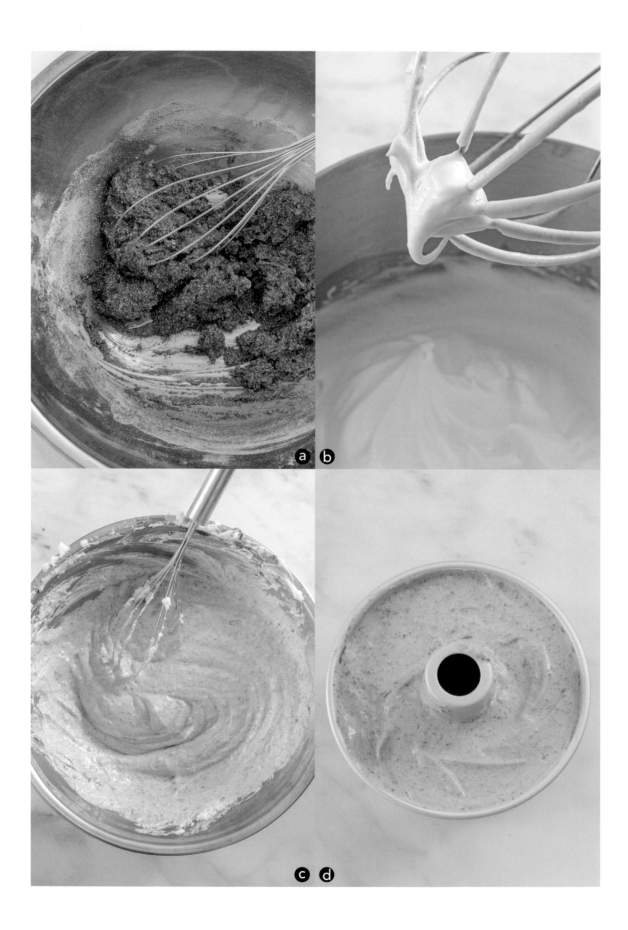

【 作 法 】

01 將米粉、紫地瓜粉、牛奶、植物油、蛋黃混合均勻。ⓐ

02 用球狀攪拌器先將蛋白打到發泡，再加入全部砂糖打發，
持續打到七分發為止。拿起攪拌器時，上頭的蛋白霜會
呈現小勾狀即表示完成。ⓑ

03 將蛋白霜分次（約三次）加入作法 1 的麵糊中，以繞圈
方式拌合，動作必須輕柔且快速。ⓒ

04 將拌勻的蛋糕麵糊裝填到模具裡約九分滿。ⓓ

　　■TIP■ 模具的底部要鋪上一張烘焙紙，避免沾黏而難脫模。

05 模具外用耐熱保鮮膜包覆兩層，使其密封，避免蒸的過
程中水氣跑進去，而影響口感。

06 完成後將模具放到蒸籠裡，全程以大火蒸。先蒸 45 分
鐘後熄火，再燜 5 分鐘即完成。

07 取出蛋糕後趁熱將保鮮膜剪開（留意水氣避免滴到蛋糕
上），移除模具即可。

巧克力
米戚風蛋糕

[Chocolate Chiffon]

【 材　料 】

米粉 ... 80g

巧克力粉 ... 20g

牛奶 ... 60g

植物油 ... 10g

蛋黃 ... 4 顆

蛋白 ... 4 顆

砂糖 ... 45g

【 模 具 / 分 量 】

六吋圓形蛋糕模 1 個

[作　法]

01 將米粉、巧克力粉、牛奶、植物油、蛋黃混合均勻。ⓐ

02 用球狀攪拌器先將蛋白打到發泡，再加入全部砂糖打發，
持續打到七分發為止。拿起攪拌器時，上頭的蛋白霜會
呈現小勾狀即表示完成。ⓑ

03 將蛋白霜分次（約三次）加入作法 1 的麵糊中，以繞圈
方式拌合，動作必須輕柔且快速。ⓒ

04 將拌勻的蛋糕麵糊裝填到模具裡約九分滿。ⓓ

　　TIP 模具的底部要鋪上一張烘焙紙，避免沾黏而難脫模。

05 模具外用耐熱保鮮膜包覆兩層，使其密封，避免蒸的過
程中水氣跑進去，而影響口感。

06 完成後將模具放到蒸籠裡，全程以大火蒸。先蒸 45 分
鐘後熄火，再燜 5 分鐘即完成。

07 取出蛋糕後趁熱將保鮮膜剪開（留意水氣避免滴到蛋糕
上），移除模具即可。

咖啡
米戚風蛋糕

[Coffee Chiffon]

[材　料]

米粉 ... 80g

咖啡粉 ... 20g

牛奶 ... 60g

植物油 ... 10g

蛋黃 ... 4 顆

蛋白 ... 4 顆

砂糖 ... 45g

[模 具 / 分 量]

迷你甜甜圈矽膠模 8 個 +
四吋花型中空模 1 個 +
蛋型矽膠模 4 個

[作 法]

01 將米粉、咖啡粉、牛奶、植物油、蛋黃混合均勻。ⓐ

02 用球狀攪拌器先將蛋白打到發泡，再加入全部砂糖打發，持續打到七分發為止。拿起攪拌器時，上頭的蛋白霜會呈現小勾狀即表示完成。ⓑ

03 將蛋白霜分次（約三次）加入作法 1 的麵糊中，以繞圈方式拌合，動作必須輕柔且快速。ⓒ ⓓ

04 將拌勻的蛋糕麵糊裝到擠花袋中，裝填到模具裡約九分滿。ⓔ

　　TIP 中空模的底部要鋪上一張烘焙紙，避免沾黏而難脫模。

05 模具外用耐熱保鮮膜包覆兩層，使其密封，避免蒸的過程中水氣跑進去，而影響口感。ⓕ

06 完成後將模具放到蒸籠裡，全程以大火蒸。先蒸 45 分鐘後熄火，再燜 5 分鐘即完成。

07 取出蛋糕後趁熱將保鮮膜剪開（留意水氣避免滴到蛋糕上），移除模具即可。

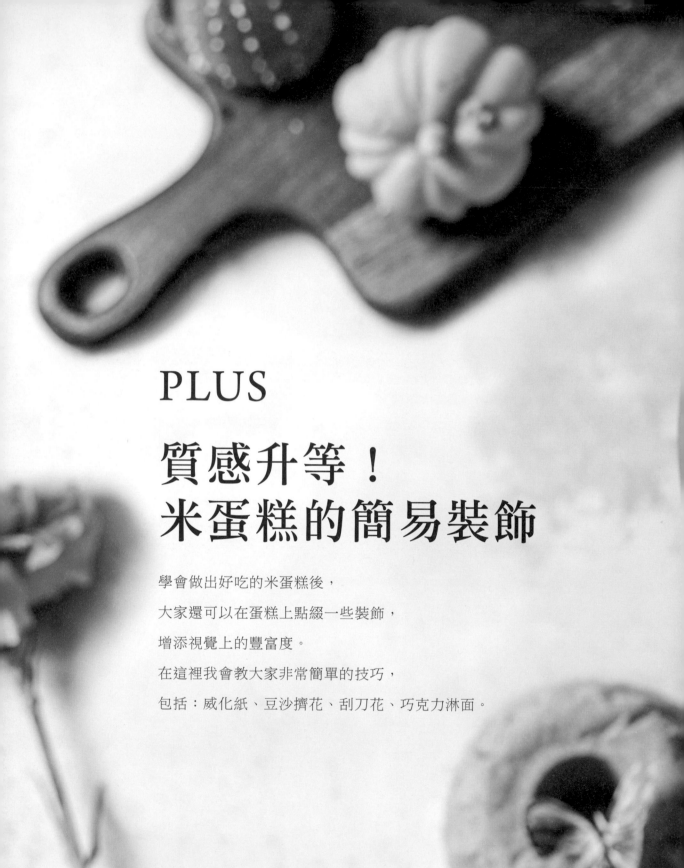

PLUS

質感升等！
米蛋糕的簡易裝飾

學會做出好吃的米蛋糕後，

大家還可以在蛋糕上點綴一些裝飾，

增添視覺上的豐富度。

在這裡我會教大家非常簡單的技巧，

包括：威化紙、豆沙擠花、刮刀花、巧克力淋面。

裝飾技巧
1

威化紙

[Waterpaperflowers]

威化紙是一種使用糯米製作的食材，

常用於製作紙花或蛋糕裝飾等。

將威化紙剪成花草、蝴蝶等喜歡的形狀，

再以食用色素染上繽紛色澤，

擺在蛋糕上，就是立體感十足的亮點。

[材 料 / 工 具]

威化紙

濃度 40% 的酒（伏特加或高粱等）

不同顏色的食用色素（色膏或色粉）

染色的乾粉絲

水彩筆

平面板子

＊上述材料依製作需求而準備適當用量

\ 威化紙運用 /

蛋殼盆栽
米蛋糕

[示範蛋糕]

蛋型米蛋糕
▶ 作法請參考 P76
「焙茶米戚風蛋糕」

[作　　法]

01 在威化紙上描繪出不同大小與形狀的葉子，再用剪刀剪下來。ⓐ

02 在酒裡加入一點綠色色膏，調出喜歡的顏色後，用水彩筆在葉子上染色。ⓑ

03 把染色的葉子放在室溫下，待其自然風乾。ⓒ

04 取一點調色後的酒做為黏著劑，把葉子黏到當作葉梗的乾粉絲上。ⓓ

　　TIP 乾粉絲是很好用的裝飾物，只要將食用的粉絲用色膏染上顏色，再用烤箱烘乾就可以了。

05 依序做出所需的葉子，並取出事先蒸好的蛋型米蛋糕。ⓔ

06 將葉梗插入蛋糕中固定即完成。ⓕ

\ 威化紙運用 /

彩色蝴蝶
米蛋糕

【 示範蛋糕 】

四吋花型米蛋糕
▶ 作法請參考 **P98**
「覆盆莓米戚風蛋糕」

[作 法]

01 在威化紙上描繪出不同大小與形狀的蝴蝶,再用剪刀剪下來。ⓐ

02 分別用酒和綠色、黃色色膏,調出深綠、綠色與黃色。先用水彩筆畫出深綠色的蝴蝶輪廓,再於蝴蝶身上畫綠色紋路。ⓑ

03 以同樣方法畫出其他顏色的蝴蝶。ⓒ

04 把染色好的蝴蝶放在室溫下,待其自然風乾。並在部分蝴蝶上黏上乾粉絲。ⓓ

05 將蝴蝶固定在事先蒸好的蛋糕上即完成。

裝飾技巧
2

豆沙擠花

[Beancream Piping]

豆沙擠花是近幾年非常熱門的一種裝飾技藝。

以天然蔬果粉或食用色膏調色，擠出一朵朵宛如真花的模樣，

而甜而不膩的綿密口感，很適合搭配米蛋糕一起享用。

不過，大家無需勉強自己立刻就學會擠出一朵花型，

我會示範如何運用一點小巧思，

就能為蛋糕的外觀增色。

[材料 / 工具]

白鳳豆沙 ... 300g
動物鮮奶油 ... 45g
不同顏色的食用色素（色膏或色粉）
染色的乾粉絲
花嘴（多鋸齒狀、葉形、圓形、細圓形）
擠花袋
＊上述材料可依製作需求而調整用量

\ 豆沙擠花運用 /

田園南瓜米蛋糕

[示 範 蛋 糕]

南瓜造型米蛋糕 ▶ 作法請參考 P90「芒果米戚風蛋糕」

[作　法]

01 將白鳳豆沙切小塊後，用槳狀攪拌器打碎。ⓐ

02 接著放入動物鮮奶油混合，攪拌成均勻的泥狀。ⓑ

　　▎TIP▎白鳳豆沙與動物鮮奶油的比例，基本上以 100：15 為佳。攪拌務必要均勻，避免留有顆粒。

03 取出少許打勻的豆沙，準備咖啡色色膏與綠色色膏。用牙籤沾取一點色膏混入拌勻，調出想要的顏色即可裝入擠花袋中。ⓒ ⓓ

　　▎TIP▎調色時為了避免顏色過深，建議一點一點加入。

04 使用圓形花嘴與咖啡色豆沙，在蒸好的南瓜造型米蛋糕上端，將花嘴垂直向下擠豆沙。ⓔ

05 一邊用力壓擠花袋擠出豆沙，花嘴停留在原地，讓擠出的豆沙自然將花嘴往上推高。ⓕ

06 收尾時先停止壓擠花袋，然後稍微轉一下花嘴再移開，擠出上端的梗。ⓖ

07 改用葉形花嘴與綠色豆沙，將花嘴貼在蛋糕上，一邊擺動花嘴一邊擠出豆沙，擠出想要的大小後，放鬆不施力，將花嘴往後抽起，做出葉子的尖端。依照相同方法，在蛋糕上擠出數片小葉子。ⓗ

08 改變花嘴擺動的幅度，可以擠出不同大小與皺褶的葉子。ⓘ

09 另外也可以沿著乾粉絲擠出數片葉子做成藤蔓，圍繞在蛋糕周邊即完成。ⓙ

迷你仙人掌 米蛋糕

[示範蛋糕]

蛋型米蛋糕
▶ 作法請參考 **P82**
「抹茶米戚風蛋糕」

[作　法]

01 在咖啡色豆沙裡加入綠色色膏調色，並準備蒸好的蛋型米蛋糕。ⓐ

02 擠花袋裝上多鋸齒狀花嘴，蛋糕上剪出一個小洞，把花嘴戳進去。ⓑ

03 花嘴朝下後，一邊施力擠豆沙，一邊讓擠出的豆沙將花嘴往上推高。ⓒ ⓓ

04 擠到想要的高度後，先放鬆手的力道，再將花嘴拿起。

05 利用豆沙擠花將蛋糕做出仙人掌造型。ⓔ

06 在另一個擠花袋中裝入白色豆沙，改用細圓形花嘴，在蛋糕上擠出一排一排的刺即完成。ⓕ

裝飾技巧
3

刮刀花

[Knife Flower]

刮刀花起源於俄羅斯的雕塑繪畫（刮刀畫），

原先指利用油畫刀和石膏製作出的浮雕花卉，

這幾年開始廣泛被運用在甜點裝飾中，

以豆沙呈現出雕塑品般層次分明的造型。

想要做出簡單典雅又不失質感的蛋糕時，

不妨拿起油畫刀，以蛋糕為畫布揮灑創意吧。

[材 料 / 工 具]

調好顏色的豆沙（白色與綠色）
＊作法請參考 P128「豆沙擠花」
糖珠
蛋糕抹刀
油畫刀
蛋糕轉台
平面板子
＊上述材料依製作需求而準備適當用量

\ 刮刀花運用 /

優雅白花
米蛋糕

[示範蛋糕]

四吋圓形蛋糕

▶ 作法請參考 P105

「錫蘭紅茶米戚風蛋糕」

[作　法]

01 將蛋糕放在轉台上，用抹刀將綠色豆沙抹在蛋糕外圍。ⓐ

02 接著在蛋糕上方也抹一層綠色豆沙。ⓑ

03 混合綠色與白色豆沙，一邊轉動蛋糕轉台，一邊用抹刀在蛋糕四周隨意抹上混色
豆沙後，將表面稍微整平。ⓒ

　　TIP　抹在蛋糕外的豆沙不需要修得太過平整，保留紋路與堆疊上去的層次，表現出立體感。

04 接下來製作刮刀花。先將白色豆沙用抹刀抹幾層在平面板子上。ⓓ

05 把油畫刀傾斜 45 度，將平面板子上的白豆沙刮到油畫刀上。ⓔⓕ

　　TIP　手持油畫刀時，將食指抵住刀柄前端，操作起來會比較順手。

06 接著將油畫刀的斜邊貼在平面板子上，來回劃幾次修平豆沙邊緣後，另一斜邊也
依照同樣的方式修平。ⓖ

07 油畫刀兩側輪流在平面板子上斜劃，將豆沙整理成和油畫刀一樣尖尖的形狀。ⓗ

08 將油畫刀擺在抹好豆沙的米蛋糕上，由上往下劃出紋路，做出花瓣的模樣。ⓘⓙ

09 以同樣方式操作，在蛋糕上劃出自己喜歡的形狀。ⓚ

10 最後撒上糖珠點綴即完成。ⓛ

裝飾技巧
4

巧克力淋面

[Chocolate Drip]

巧克力淋面是簡單易上手的裝飾法，
即使是第一次接觸的人也不會失敗。
準備好黑、白、粉紅等不同顏色的巧克力，
淋在甜甜圈造型、不同口味的米蛋糕上，
一次拿起一顆，每一口都有驚喜感。

[材 料 / 工 具]

不同顏色的巧克力（黑色、白色、粉紅色）
糖珠
＊上述材料依製作需求而準備適當用量

\ 巧克力淋面運用 /

繽紛甜甜圈
米蛋糕

[示範蛋糕]

甜甜圈造型蛋糕
▶ 作法請參考 **P98**「覆盆莓米戚風蛋糕」
P116「咖啡米戚風蛋糕」

[作　　法]

01 以隔水加熱或微波加熱方式,將不同顏色的巧克力融化。ⓐ

　　TIP　巧克力可依據自己喜歡的顏色做準備,或是將不同顏色的巧克力混色。
　　　　例如:白色＋粉紅色,可以調出淡粉色。

02 將事先蒸好的米蛋糕單面放入融化的巧克力中,讓表面裹上一層
　　巧克力。ⓑ

　　TIP　蛋糕本身與巧克力淋面的顏色搭配,都可以自行做變化。我示範的成品
　　　　作法,是把咖啡色蛋糕搭上黑色巧克力,粉紫色蛋糕搭上淡粉色巧克力。

03 把裹上巧克力的米蛋糕,排放在桌面上,待巧克力凝固。ⓒ

04 也可以將融化巧克力裝到塑膠袋中,剪一個小開口,趁巧克力凝
　　固前,以絲線狀淋在米蛋糕上,並撒上糖珠等裝飾即完成。ⓓ

　　TIP　淋巧克力的時候,不用太過規矩,每個蛋糕上都嘗試不同的絲狀粗細、
　　　　交錯方向、配色等等,在視覺上的呈現會更有變化。

韓式傳統
年糕新演繹
KOREAN TRADITIONAL
RICE CAKE

‧ 花草糰子 ‧香柚糰子 ‧ 松片

註：本章節內容由韓國傳統點心首席
Rosa 老師教學示範

음식을 대할때면 가장 먼저 떠오르는 것은 재료이다.
어떤 재료로 만들었을까?
날이 갈수록 심각해지는 자연환경속에서 위협받는 우리 건강을 위해서는 좋은먹거리를 접하는것이 최선이라는 생각이든다.
내가 만드는 음식만이라도 좋은재료를 어울려 담아 만들어내고 싶은것이 나의 작은 바램이다.

정성이 더해지면 예쁘고 맛있는 한식디저트가 탄생한다.
한국의 전통음식은 그렇게 만들어져왔고 음식을 만들고 대하는 마음에서도 시대의 흐름을 인정하고 덮어가는 가는것이라고 생각한다.
플라워케이크를 만드는 동생의 감각을 빌어 우리고유의 음식을 좀 더 고급스럽게 담아내고 깊이를 더해 한식문화를 세계에 알리고싶은 욕심도 때로 내곤한다.
그러기 위해서는 기본에 충실해야하고 고전을 이해해야하고 내가 해야할 일을 간과해서도 안되는 것임에 늘 자신을 추스린다.

한식디저트와 함께 걸어가는 이 길에 집을 짓기위해 터를 단단히 굳히듯 어느 것을 쌓아도 우리음식이 빛이 나면 좋겠다.
수업을 진행하다보면 세계 곳곳에서 한식문화를 알리는 일에 힘쓰고 있는 교포들을 자주 만나게 된다.
그들을 통해 세계속에 한식디저트의 위상이 좀더 자리를 굳혀가고 있음을 느끼고 있는중이다.

누구든지 내가 만드는 한식디저트를 먹는 순간 행복한 마음마져 들길 바란다.

每次面對食物，我首先想到的就是食材，
不禁好奇是用了什麼材料製成的呢？
每逢想到在大自然環境裡，
人類的健康所遭受的威脅日漸嚴重時，
我認為選擇好的食物就是守護自己健康的
最好方法。

哪怕只是通過我的手做出來的所有食物，
也想用好的（健康的）食材去完成，
這也算是我小小的心願。

在此基礎上，賦予食物真誠的心意，
就能誕生好看又好吃還很健康的韓式甜品。

而除了謹守這個理念，
對待食物的心意裡也應該包含對時代變化
的認可並且與時共進。

借用常年專研豆蓉裱花藝術的妹妹的色感，
我想把我們製作的韓式甜品提高格調，
再進一步思考，去延伸其深度，
偶爾也會夢想把韓食文化傳播到世界各地。

為了能完成這個夢想，
必須要保持初心，遵守基本，深悉傳統，
時時刻刻提醒自己，我該做的事情是什麼。
在這條與韓式甜品一起前進的路上，
就像蓋房子前要把地基打好一樣，
不管過程中累積了多少努力，
最終就是希望能讓我們的飲食綻放光芒。

在教授課程的這幾年裡，
經常會遇見一些為了傳播韓食文化而努力
的僑胞朋友們。
透過這樣一群人的存在能夠感受到，
韓食文化（韓式甜品）在世界裡的地位正
逐漸穩固了。

希望每一位在品嚐到我製作的韓式甜品的
那一瞬間，
能感受到我想傳達給您的幸福感。

Rosa
韓國傳統點心師

IG：eedoga_rosa

韓國節慶不可少的
代表性點心

在韓國家庭，除了用米粉來做蛋糕，還會做成各式各樣的糕點，在這一章節裡會示範三種年糕類點心的作法——「松片（송편）」與糯子中的「花草糯子（잎새단자）」和「香柚糯子（유자단자）」。在進入食譜之前，一起來了解這些點心的由來與特色，共同感受韓國米製點心的魅力吧！

松片，又譯為松糕或松餅，是韓國中秋節的代表性食物，其重要地位相當於我們的月餅，帶有全家團圓、祈求祖先庇佑豐收之意。因為蒸的時候會以松葉襯底，因而得名。

以米粉製成的外皮在蒸過後口感軟Q，中間會包入甜的內餡，像是豆沙、芝麻、栗子等等。而根據地域性，還會出現不同的造型與味道。最常見的基本造型是半月型，另外還有花的形狀、圓形等等，如果要呈現白色以外的顏色，則會加入蔬菜汁、水果汁等食材去調色，是一種外型多變、口味豐富的糕點。

糯子則是眾多糯米糕點中的一種。有別於常見的韓式打糕的米糰是直接將糯米蒸熟後捶打而成，糯子的米糰則是先將糯米磨成粉，調色調味後再蒸熟，並且捶打出彈性口感。而根據餡料的差異性，會有紅豆糯子、栗子糯子、紅棗糯子等口味。

在本書中主要是教大家花草糰子與香柚糰子這兩種糰子的作法。將糯米粉和水揉成團，中間包入用紅豆、綠豆、栗子、芝麻等食材與蜂蜜或糖混和而成的內餡後，揉成板栗大小的圓球狀。外皮再沾取豆沙粉等粉狀食材，或是裝飾上芝麻、紅棗等食材。糰子的口感極佳、外型討喜，因此雖然在製作上頗費工夫，仍為古時宮廷或大戶人家的飯後茶點，甚至在宴客時被擺在各式糕點的最上層做為裝飾糕點，可見其受喜愛的程度。

花草糰子

[Rice Ball Cake]

圓滾滾的白色糰子煮熟後，
外圍沾裹上紅棗、栗子、芝麻、食用花瓣。
一口咬下軟 Q 的外皮，
隨即感受到包覆在中間的綠豆沙餡，
從外到內的三種口感交融，
讓人忍不住每顆都想吃。

黑芝麻裝飾

栗子裝飾

玫瑰花瓣裝飾

紅棗裝飾

[材　料]

米糰
糯米粉 ... 200g
熱水 ... 20g
砂糖 ... 20g
◆ 此材料分量可製作約
　12 顆糰子

內餡
綠豆 ... 1Cup
砂糖 ... 2Tablespoons

裝飾
紅棗 ... 適量
熟栗子 ... 適量
黑芝麻粉 ... 適量
乾燥玫瑰花瓣 ... 適量
薄荷葉 ... 適量
迷迭香 ... 適量
黑芝麻粒 ... 適量
食用金箔 ... 適量

[作　法]

| 製作米糰

01 將煮滾的熱水、砂糖加入糯米粉中，用耐熱矽膠刮刀翻拌混勻。ⓐ ⓑ

02 再用手反覆搓揉成一個光滑、不黏手的米糰。ⓒ ⓓ

03 接著將米糰搓成長條狀，靜置備用。ⓔ

‖ 製作內餡

01 事先將綠豆泡水 2 小時之後，用手搓一搓即可去皮。去完皮的綠豆洗淨後，放入蒸籠中蒸 50 分鐘。蒸好後，將綠豆倒入攪拌盆。ⓐ

02 將砂糖放到砧板上，利用刀背壓成細碎。ⓑ

03 用杵等工具將綠豆磨成碎粒狀。ⓒ ⓓ

04 再將砂糖加入綠豆中，用手輕輕地攪拌均勻。ⓔ ⓕ

05 用手指取適當的量，捏成一顆顆直徑 2-3cm 的圓球，即完成綠豆豆沙餡。ⓖ ⓗ

||| 米糰包餡

01 用刮刀將米糰分切成每個 20g。 **ⓐ**

02 將小米糰先捏成稍微扁平的圓形，準備在中間包入綠豆豆沙餡。 **ⓑ**

03 將捏扁的米糰固定在弧口，放上綠豆豆沙餡後，一邊用拇指將綠豆豆沙餡下壓，一邊用弧口將米糰收圓，讓綠豆豆沙餡包入米糰正中間。 **ⓒ ⓓ**

04 在露出綠豆豆沙餡的開口部分，將周邊的米糰往中間捏，使開口密合。再將米糰搓揉成圓形。 **ⓔ ⓕ**

05 依照同樣的方法，將小米糰一個一個包入綠豆豆沙餡，做成類似湯圓的模樣。 **ⓖ**

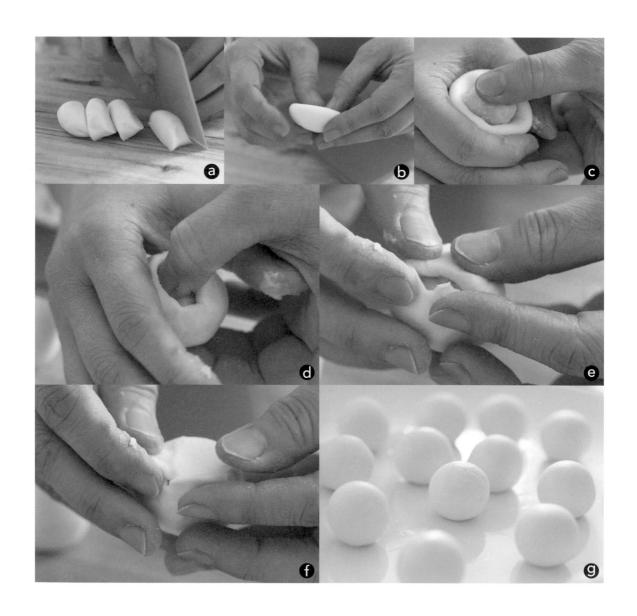

ⅠⅠⅠⅠ 水煮

01 準備一鍋滾水，將包好綠豆豆沙餡的米糰放入滾水煮。 ⓐ

02 蒸籠布上撒上少許的糖 (材料分量外) 備用。撒糖可以讓煮好的糰子不會黏在一起。ⓑ

03 糰子煮到浮出水面後撈出，先放入冷開水中過水。ⓒ

04 再放到備好的蒸籠布上，再撒上一點糖 (材料分量外)，等待其冷卻，即可準備外層裝飾。ⓓ

||||| 裹外層裝飾

: 紅棗裝飾 :

01 紅棗用刀子切一刀至中心籽的位置，再沿著籽，將果肉削離。ⓐⓑ

02 將紅棗先切成細絲，再橫切小塊，接著剁成小碎粒。ⓒⓓⓔ

03 將紅棗碎粒裝進淺的調理盤中，接著放入糰子，在外層裹上一圈紅棗碎粒，上方不沾裹。依照相同方式完成其他糰子的裝飾。ⓕ

||||| 裹外層裝飾

：栗子裝飾：

01　熟栗子用刀子切除外皮後，泡入水中洗淨。🅐🅑

02　先將栗子切薄片，再切成細絲。🅒🅓

03　將栗子細絲裝進淺的調理盤中，接著放入糰子，
　　在外層裹上一圈栗子細絲，上方不沾裹。🅔

04　最後在上方擺上薄荷葉做裝飾，完成。🅕

||||| 裹外層裝飾

：黑芝麻裝飾：

01 將黑芝麻粉攤平在調理盤中。a

02 將糰子放入調理盤中，在外層裹上一圈黑芝麻，約裹一半即
可，上方不沾裹。b c

03 最後在頂端擺上迷迭香以及黑芝麻粒做裝飾，完成。d e

|||| 裹外層裝飾

： 玫瑰花瓣裝飾 ：

01 將玫瑰花瓣裝在調理盤中。**ⓐ**

02 將糰子放入調理盤中，在外層裹上一圈玫瑰花瓣，上方
不沾裹。**ⓑ** **ⓒ**

03 最後在頂端擺上金箔做裝飾，完成。**ⓓ**

香柚糰子

[Rice Dumpling]

運用韓國家家戶戶都有的柚子醬，
做出這款酸酸甜甜的糰子。
從外皮到內餡，都充滿柚子香氣，
裹在最外層的紅豆豆沙，
帶來意料之外的風味。

[材 料]

米糰

糯米粉 ... 200g

水 ... 1Tablespoon

玉米糖漿 ... 1Tablespoon

砂糖 ... 1.5Tablespoons

柚子汁 ... 2Tablespoons

（取柚子醬裡的汁液）

◆ 此材料分量可製作約 12 顆糰子

內餡與裝飾

紅豆 ... 1.5Cups

柚子乾 ... 2Tablespoons

（取柚子醬裡的醃漬柚子）

肉桂粉 ... 適量

蜂蜜 ... 2Tablespoons

鹽 ... 適量

[作　法]

| 製作米糰

01 攪拌盆中放入糯米粉，再加入水、玉米糖漿、砂糖、柚子汁。ⓐ

02 利用矽膠刮刀將盆中的材料攪拌均勻。ⓑ

03 在蒸籠內鋪上蒸籠布後，均勻撒上少許的糖 (材料分量外)。ⓒ

04 將攪拌後稍微結塊的米糰，用手輕輕地分散放到蒸籠裡。ⓓ

05 準備一鍋滾水，放上蒸籠蒸 25 分鐘。ⓔ

06 蒸完後打開蒸籠蓋，用筷子撥散米糰，確認是否整體都蒸熟了。
(沒蒸熟與蒸熟的部分，會呈現兩種顏色) ⓕ

07 再將蒸好的米糰利用攪拌機或手揉，持續揉壓至均勻、表面光滑
且有彈性。ⓖⓗ

ⓐ　ⓑ

‖ 製作內餡

01 首先製作去皮紅豆豆沙。事先將紅豆洗淨後泡水，浸泡到外皮可剝掉的程度。把紅豆去皮後，放入蒸籠中用滾水蒸 50 分鐘，蒸好後倒入攪拌盆。ⓐ

02 將少許的鹽放到砧板上，利用刀背壓成細碎。ⓑ

03 將磨碎的鹽放入蒸好的紅豆中混合，用杵將紅豆磨成碎粒狀。ⓒ

04 接著倒入篩網中，再利用矽膠刮刀往下壓，過篩到較大的攪拌盆內。ⓓ

05 過篩後的去皮紅豆豆沙會呈現均勻細緻的粉狀。然後分成兩份備用，一份要做成內餡，一份要裹在外層。ⓔ

06 將柚子乾先直切成絲，再橫切成小塊狀，然後切碎。（保留部分柚子乾不要切，做為最後裝飾用。）ⓕ

07 把切碎的柚子乾加入去皮紅豆豆沙中，再加入肉桂粉與蜂蜜。ⓖ

08 將攪拌盆內的材料充分混合均勻。ⓗ

09 用手指取適當的量，捏成一顆顆直徑 2-3cm 的圓球。ⓘ

10 完成柚子豆沙餡。ⓙ

||| 包餡・裝飾

01 將剩餘的去皮紅豆豆沙倒進淺的調理盤中備用。ⓐ

02 將剩下的柚子乾切成較短的細絲備用。ⓑ

03 取出米糰，分切成適當的大小 (每個約 20g)。ⓒ

04 將小米糰先捏成稍微扁平的圓形，準備在中間包入柚子豆沙餡。ⓓ

05 將柚子豆沙餡放入米糰中間。ⓔ

06 將米糰的上下端往中心折疊，再將另外兩端往中心摺疊，遮蓋住柚
子豆沙餡。ⓕⓖ

07 將米糰的摺疊處捏緊，使開口黏合，並修飾成圓球狀。ⓗ

08 將米糰放入去皮紅豆豆沙中滾動，讓外層均勻裹粉。ⓘ

09 最後上方再以柚子乾做裝飾即完成。ⓙ

ⓐ ⓑ
ⓒ ⓓ

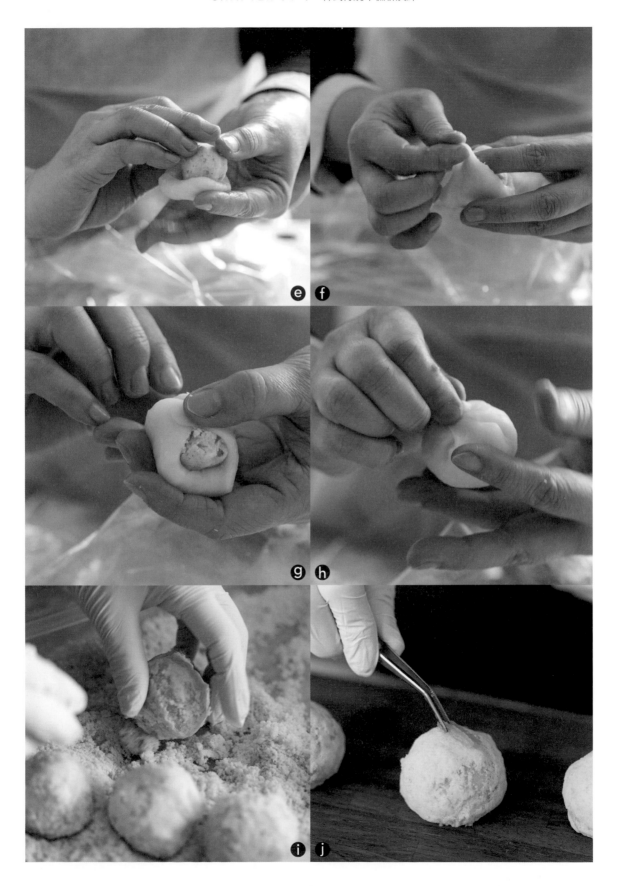

香柚糰子

松片

[Flower Songpyeon]

將外皮包入豆沙、芝麻等內餡後，
用手與工具耐心塑型，
從蘋果、桃子、柿子到葉子……，
捏出一個一個擬真度百分百的松片。
適合全家人一起動手，共享快樂的點心時光。

[材　料]

米 糰

米粉 ... 500g
水 ... 300g
鹽 ... 少許

◆此材料分量可製作約
40 個松片

內 餡

綠豆豆沙 ... 70g
＊作法請參考 P151

◆另外也可準備紅豆
沙、黃豆沙、芝麻等
做為內餡。

食用色粉

南瓜粉 ... 適量
草莓粉 ... 適量
黃栀子花粉 ... 適量
藍栀子花粉 ... 適量
艾草粉 ... 適量
可可粉 ... 適量
球藻粉 ... 適量

其 他

橄欖油 ... 少許
芝麻油 ... 少許
杏仁膏 ... 適量

[特殊工具]

翻糖整形工具
•三角錐形木棍
•錐形雕塑筆

各種造型的壓花模 (花瓣模、葉子模)

基本造型

蘋果造型

桃子造型

柿子造型

葉子造型

[作　法]

┃ 製作米糰

01 先將米粉分成兩等分，一半加冷水，一半加熱水。水要分次少量加入，並視米糰的情況略微調整加入的量。ⓐ

02 米粉加水後，一開始會呈現小塊狀，持續用手搓揉，讓米粉吸收水分，逐漸出現黏性，便能成團。ⓑⓒⓓ

03 將兩個米糰搓揉在一起，成為光滑有彈性的狀態。ⓔ

04 將揉好的米糰放入塑膠袋中，避免乾燥，於室溫中靜置備用。ⓕ

┃┃ 準備內餡

01 取出事先準備好的豆沙內餡。ⓖ

ⓐ ⓑ

:五色基本造型:

01 白色米糰取用適當的量,準備開始進行染色、包餡與塑形。ⓐ

02 米糰稍微壓平,取用少量的色粉,放到米糰上。ⓑ

03 將米糰反覆折疊、揉捏,讓色粉均勻混入米糰中。ⓒ ⓓ ⓔ ⓕ

04 揉勻之後可先放入塑膠袋中備用,避免乾燥。ⓖ

05 依照相同方法,將米糰內混入不同顏色的色粉揉勻,備好五種顏色的米糰。ⓗ

06 將米糰從塑膠袋中取出後,剝出一顆的分量(每個約 20g),先揉成圓,再捏成扁平狀,準備包入事先準備好的內餡。ⓘ

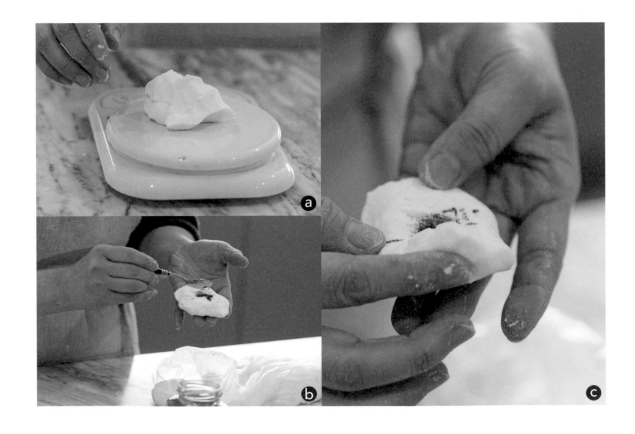

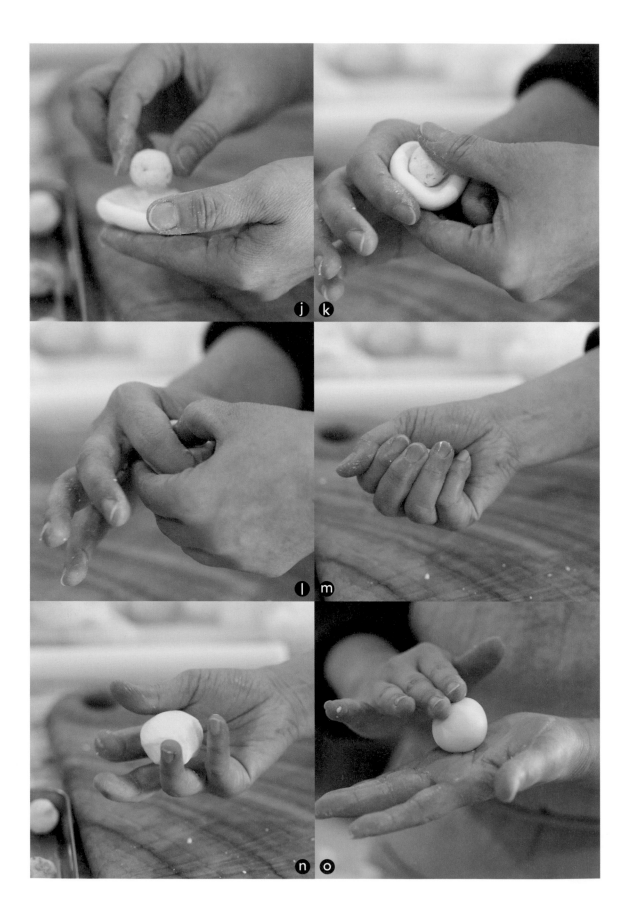

07 將內餡放在米糰中間後，右手食指與大拇指握住
　 米糰外圈，左手大拇指將內餡往下壓，讓米糰包
　 覆內餡。ⓙ ⓚ ⓛ

08 再用手心捏一下，讓米糰與內餡更密合。接著將
　 米糰搓圓。ⓜ ⓝ ⓞ

09 利用兩手手指，開始捏塑形狀。先將米糰捏成兩
　 端略尖的長橢圓形，接著用指尖在米糰中央捏出
　 一道直線，再將手指輕壓直線兩側，做出中間高、
　 兩側低的形狀。ⓟ ⓠ ⓡ

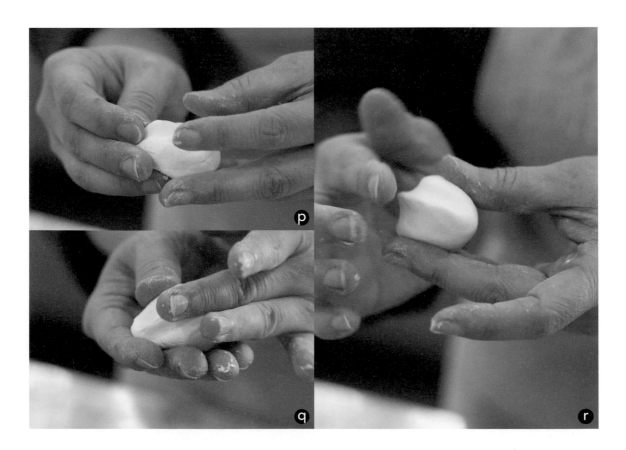

10 再用手指調整米糰的形狀，做出一邊圓滑、一邊扁平的半月形。**s**

11 依照同樣方式將不同顏色的米糰塑形後，放入蒸籠中。**t**

12 準備杏仁膏，用壓花模壓出造型。**u**

13 再用筷子穿過模具，將黏在模具上的杏仁膏輕輕地壓到米糰上做成裝飾，即完成。**v**

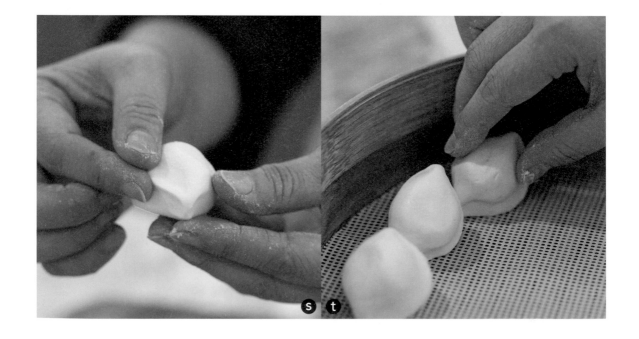

s **t**

松片基本造型

III 塑形・包餡

：柿子造型：

01 白色米糰取出適當的量，稍微壓平後，取
少量的南瓜粉、草莓粉，放到米糰上。ⓐ

02 將米糰反覆折疊、壓揉，讓色粉均勻混入
米糰中。ⓑ

03 如果覺得顏色不夠深，可以再酌量加入色
粉並繼續揉捏，模擬出柿子的顏色。ⓒ

04 將揉勻後的米糰分成適當大小（每個約
20g），並稍微揉成球狀。ⓓ

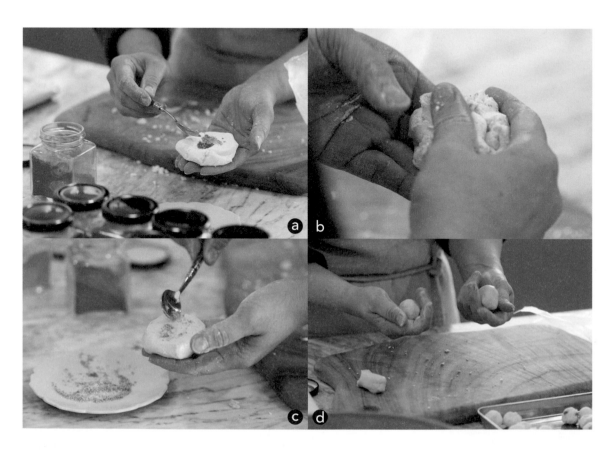

05 接著將揉好的米糰捏成扁平狀後，包入預先準備好的內餡，再搓揉成圓球狀。**ⓔ**

06 另外準備一個加入艾草粉揉勻的綠色米糰，放到抹油的塑膠袋上，並壓平。**ⓕ**

07 用壓花模壓出形狀，當作柿子的葉片。**ⓖ**

08 將葉片放到柿子的正上方。**ⓗ**

09 再用錐形雕塑筆，垂直地由上往下戳進柿子中心，戳出一個凹洞。**ⓘ**

10 用手指尖稍微調整葉子的形狀，捏出一些皺褶，看起來更立體自然。**ⓙ**

11 再取一點白色米糰，加入可可粉揉勻，搓成細的長條，做成咖啡色的葉梗。**ⓚ**

12 將葉梗放到葉子上方戳出的洞裡，即完成。**ⓛ**

ⓔ ⓕ

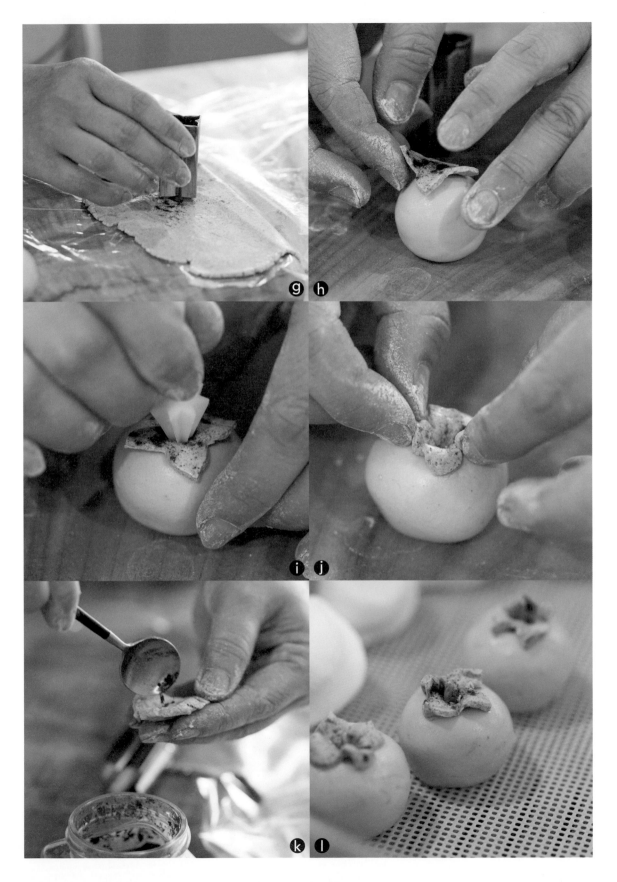

‖ 塑形・包餡

：葉子造型：

01 白色米糰取出適當的量，稍微
壓扁後，將艾草粉、南瓜粉、
黃梔子花粉放到米糰上。

02 將米糰對折、壓揉，再分成兩半後重疊、壓揉，讓色粉均勻混入米糰中。ⓑⓒⓓⓔ

03 重複米糰分半、對折、壓揉的動作，讓色粉混入米糰中，形成多層顏色的模樣。ⓕⓖ

04 將揉勻的米糰分成適當大小（每個約 20g）。ⓗ

05 米糰用手稍微滾圓後捏扁平，包入內餡。ⓘ

06 再握入掌心，稍微滾成圓球狀。ⓙ

07 接下來進行塑形。用拇指與食指捏住米糰後，用另一手將米糰尾端拉尖。可適時地加一點點水幫助塑形。ⓚ

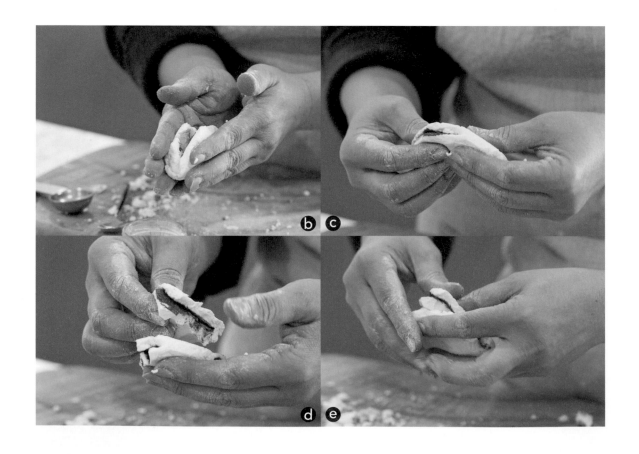

08 再利用三角錐形木棍，從米糰的前端壓到尾端，形成一條凹進去的中心線，做成葉脈的模樣。**ⓛⓜⓝ**

09 再壓出兩側的葉脈線條即完成。**ⓞ**

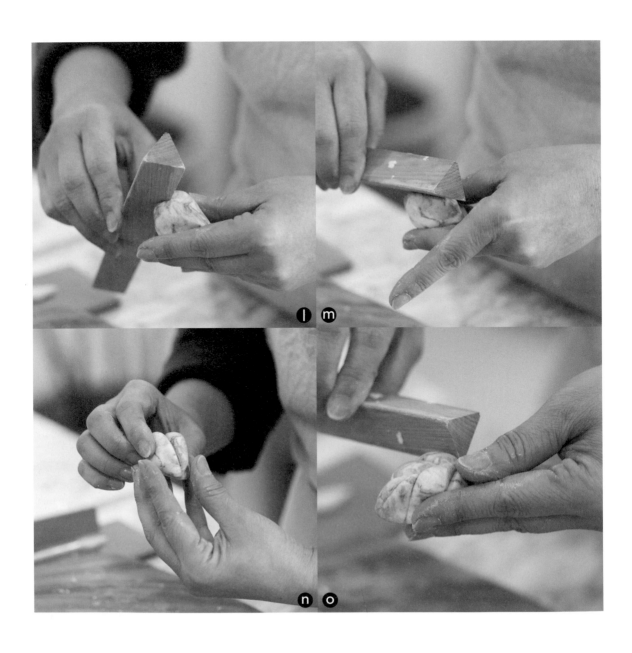

||| 塑形 · 包餡

：桃子造型：

01 白色米糰取出適當的量，稍微壓平後，將南瓜粉、草莓粉放到米糰上，透過反覆地壓揉、折疊，讓米糰染色，模擬出桃子的顏色。另外準備一份只混入草莓粉的米糰，做出粉紅色米糰。**ⓐ**

02 取少許的粉紅色米糰放到桃子色米糰上，將兩種顏色揉壓在一起。**ⓑⓒ**

03 在桃子色米糰下方也黏上粉紅色米糰，讓米糰上不均勻地散布粉紅色。**ⓓ**

04 接著包進內餡，再用手搓揉成圓球狀。**ⓔ**

05 從外層可以看到兩種顏色的米糰自然地融合在一起。
　　接著準備塑形。**ⓕ**

06 以圓形米糰上下的兩個頂點為距離，用三角錐形木棍
　　壓出一條深的紋路，再用錐形雕塑筆壓出桃子上方的
　　凹洞，做出桃子的外型。**ⓖⓗ**

07 另外準備綠色米糰，用壓花模做出葉片形狀後，將
　　葉片放到桃子上方凹洞的一側，並用手指捏出立體角
　　度。**ⓘ**

08 再用錐形雕塑筆由上往下戳進凹洞中央，即完成。**ⓙ**

III 塑形・包餡

：蘋果造型：

01 白色米糰取出適當的量，分成 3 份並稍微壓平後，
　　將藍梔子花粉、草莓粉、艾草粉分別放到米糰上。ⓐ

02 將米糰反覆折疊、壓揉，讓色粉均勻混入米糰中，
　　做出三種顏色的米糰。ⓑ

03 米糰分成適當的大小（每個約 20g），握入掌心、稍微揉圓。**c**

04 接著把米糰稍微捏扁，將內餡放在米糰中間，右手食指與大拇指握住米糰，左手大拇指將內餡往下壓，讓米糰包覆內餡。**d**

05 再搓成圓滾滾的模樣。**e**

06 用錐形雕塑筆由上往下戳進米糰中心，戳出一個凹洞。**f**

07 另外準備綠色米糰，用壓花模做成葉子形狀後，放到蘋果上凹洞的一側。**g**

08 並用手指捏出立體角度。**h**

09 再取一點白色米糰，加入可可粉揉勻，搓成細的長條，做出葉梗。**i**

10 利用鑷子將葉梗放到蘋果上的凹洞裡，即完成。**j**

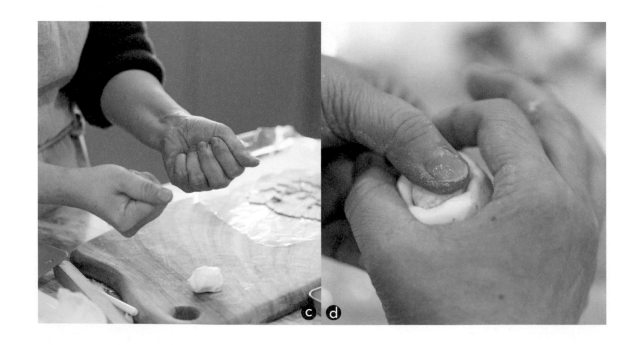
c **d**

|||| 蒸煮

01 所有造型的松片捏製完成後，放入蒸籠蒸 20 分鐘。ⓐ

02 蒸好後，稍微放涼。ⓑ

03 混合芝麻油與橄欖油，手戴塑膠手套，在松片外皮均勻
地抹些油即完成。ⓒ

台灣廣廈 國際出版集團
Taiwan Mansion International Group

國家圖書館出版品預行編目（CIP）資料

Ariel的米蛋糕：經典韓式米蛋糕×創新口感米戚風，打破框
架的無麩質美味甜點 / 洪佳如著 . -- 初版 . -- 新北市：台灣廣廈，
2020.03
　　面；　公分 .
ISBN 978-986-130-351-2
1.點心食譜

427.16　　　　　　　　　　　　　　　　　108021693

Ariel 的米蛋糕

經典韓式米蛋糕 × 創新口感米戚風，打破框架的無麩質美味甜點

作　　　者／洪佳如（Ariel）	編輯中心編輯長／張秀環・編輯／許秀妃
攝　　　影／Hand in Hand Photodesign	封面設計・內頁排版／曾詩涵
璞真奕睿影像	製版・印刷・裝訂／東豪・弼聖・秉成

行企研發中心總監／陳冠蒨	整合行銷組／陳宜鈴
媒體公關組／陳柔彣	綜合業務組／何欣穎

發 行 人／江媛珍
法 律 顧 問／第一國際法律事務所 余淑杏律師・北辰著作權事務所 蕭雄淋律師
出　　　版／台灣廣廈
發　　　行／台灣廣廈有聲圖書有限公司
　　　　　　地址：新北市235中和區中山路二段359巷7號2樓
　　　　　　電話：（886）2-2225-5777・傳真：（886）2-2225-8052

代理印務・全球總經銷／知遠文化事業有限公司
　　　　　　地址：新北市222深坑區北深路三段155巷25號5樓
　　　　　　電話：（886）2-2664-8800・傳真：（886）2-2664-8801
　　　　　　網址：www.booknews.com.tw（博訊書網）
郵 政 劃 撥／劃撥帳號：18836722
　　　　　　劃撥戶名：知遠文化事業有限公司（※單次購書金額未達500元，請另付60元郵資。）

■出版日期：2020年03月
ISBN：978-986-130-351-2